现代水产养殖新法丛书

中华鳖高效养殖模式攻略

何中央　主编

中国农业出版社

本书编写人员

主　编　何中央（浙江省水产技术推广总站）

副主编　张海琪（浙江省水产技术推广总站）

　　　　蔡引伟（浙江省海洋与渔业干部学校）

编著者　（以编写内容前后为序）

　　　　何中央（浙江省水产技术推广总站）

　　　　许晓军（浙江省水产技术推广总站）

　　　　张海琪（浙江省水产技术推广总站）

　　　　薛辉利（浙江省海洋与渔业干部学校）

　　　　郑天伦（浙江省海洋与渔业干部学校）

　　　　蔡引伟（浙江省海洋与渔业干部学校）

　　　　周　凡（浙江省水产技术推广总站）

　　　　孔　蕾（浙江省海洋监测预报中心）

　　　　张建人（杭州萧山天福生物科技有限公司）

　　　　陈　飞（温岭市水产技术推广站）

　　　　蒋业林（安徽省水产科学研究所）

　　　　何志刚（湖南省水产科学研究所）

　　　　张　超（南浔区水产技术推广站）

序

经过改革开放 30 多年的发展，我国水产养殖业取得了巨大的成就。2013 年，全国水产品总产量 6 172.00 万吨，其中，养殖产量 4 541.68 万吨，占总产量的 73.58%，水产品总产量和养殖产量连续 25 年位居世界首位。2013 年，全国渔业产值 10 104.88 亿元，渔业在大农业产值中的份额接近 10%，其中，水产养殖总产值 7 270.04 亿元，占渔业总产值的 71.95%，水产养殖业为主的渔业在农业和农村经济的地位日益突出。我国水产品人均占有量 45.35 千克，水产蛋白消费占我国动物蛋白消费的 1/3，水产养殖已成为我国重要的优质蛋白来源。这一系列成就的取得，与我国水产养殖业发展水平得到显著提高是分不开的。一是养殖空间不断拓展，从传统的池塘养殖、滩涂养殖、近岸养殖，向盐碱水域、工业化养殖和离岸养殖发展，多种养殖方式同步推行；二是养殖设施与装备水平不断提高，工厂化和网箱养殖业持续发展，机械化、信息化和智能化程度明显提高；三是养殖品种结构不断优化，健康生态养殖逐步推进，改变了以鱼类和贝、藻类为主的局面，形成虾、蟹、鳖、海珍品等多样化发展格局，同时，大力推进健康养殖，加强水产品质量安全管理，养殖产品的质量水平明显提高；四是产业化水平不断提高，养殖业的社会化和组织化程度明显增强，已形成集良种培养、苗种繁育、饲料生产、机械配套、标准化养殖、产品加工与运销等一体的产业群，龙头企业不断壮大，多种经济合作组织不断发育和成长；五是建设优势水产品区域布局。由品种结构调整向发展特色产业转变，推动优势产业集群，形成因地制宜、各具特色、优势突出、结构合理的水产养殖发展布局。

当前，我国正处在由传统水产养殖业向现代水产养殖业转变的重要发展机遇期。一是发展现代水产养殖业的条件更加有利。党的十八大以来，全党全社会更加关心和支撑农业和农村发展，不断深化农村改革，完善强农惠农富农政策，"三农"政策环境预期向好。国家加快推进中国特色现代农业建设，必将给现代水产养殖业发展从财力和政策上提供更为有力的支持。二是发展现代水产养殖业的要求更加迫切。"十三五"时期，随着我国全面建设小康社会目标的逐步实现，人民生活水平将从温饱型向小康型转变，食品消费结构将更加优化，对动物蛋白需求逐步增大，对水产品需求将不断增加。但在工业化、城镇化快速推进时期，渔业资源的硬约束将明显加大。因此，迫切需要发展现代水产养殖业来提高生产效率、提升发展质量，"水陆并进"构建我国粮食安全体系。三是发展现代水产养殖业的基础更加坚实。通过改革开放30多年的建设，我国渔业综合生产能力不断增强，良种扩繁体系、技术推广体系、病害防控体系和质量监测体系进一步健全，水产养殖技术总体已经达到世界先进水平，成为世界第一渔业大国和水产品贸易大国。良好的产业积累为加快现代水产养殖业发展提供了更高的起点。四是发展现代水产养殖业的新机遇逐步显现，"四化"同步推进战略的引领推动作用将更加明显。工业化快速发展，信息化水平不断提高，为改造传统水产养殖业提供了现代生产要素和管理手段。城镇化加速推进，农村劳动力大量转移，为水产养殖业实现规模化生产、产业化经营创造了有利时机。生物、信息、新材料、新能源、新装备制造等高新技术广泛应用于渔业领域，将为发展现代水产养殖业提供有力的科技支撑。绿色经济、低碳经济、蓝色农业、休闲农业等新的发展理念将为水产养殖业转型升级、功能拓展提供了更为广阔的空间。

但是，目前我国水产养殖业发展仍面临着各种挑战。一是资源短缺问题。随着工业发展和城市的扩张，很多地方的可养或已养水面被不断蚕食和占用，内陆和浅海滩涂的可养殖水面不断减少，陆基池塘和近岸网箱等主要养殖模式需求的土地（水域）资源日趋紧张，占淡水养殖产量约1/4的水库、湖泊养殖，因水源保护和质量安全等原因逐步退出，传统渔业水域养殖空间受到工业与种植业的双重挤压，土地（水域）资源短缺的困境日益加大，北方地区存在水资源短缺问题，南方一些地区还存在水质型缺水问题，使水产养殖规模稳定与发展受到限制。另一方面，水产饲料原料国内供应缺口越来越大。主要饲料蛋白源鱼粉和豆粕70%以上依靠进口，50%以上的氨基酸依靠进口，造成饲料价格节节攀升，成为水产养殖业发展的重要制约因素。二是环境与资源保护问题。水产养殖业发展与资源、环境的矛盾进一步加剧。一方面周边的陆源污染、船舶污染等对养殖水域的污染越来越重，水产养殖成为环境污染的直接受害者。另一方面，养殖自身污染问题在一些地区也比较严重，养殖系统需要大量换水，养殖过程投入的营养物质，大部分的氮磷或以废水和底泥的形式排入自然界，养殖水体利用率低，氮磷排放难以控制。由于环境污染、工程建设及过度捕捞等因素的影响，水生生物资源遭到严重破坏，水生生物赖以栖息的生态环境受到污染，养殖发展空间受限，可利用水域资源日益减少，限制了养殖规模扩大。水产养殖对环境造成的污染日益受到全社会的关注，将成为水产养殖业发展的重要限制因素。三是病害和质量安全问题。长期采用大量消耗资源和关注环境不足的粗放型增长方式，给养殖业的持续健康发展带来了严峻挑战，病害问题成为制约养殖业可持续发展的主要瓶颈。发生病害后，不合理和不规范用药又导致养殖产品药物残留，影响到水产品的质量安全消费和出口贸易，反过来又制约了养殖业的持续发展。随着高密度集约化养殖的兴起，养殖生产追求产量，难以顾及养殖产品的品质，对外源环境污染又难以控制，存在质量安全隐患，制约养殖的进一步发展，挫伤了消费者对养殖产品的消费信心。四是科技支撑问题。水产养殖基础研究滞后，水产养殖生态、生理、品质的理论基础薄弱，人工选育的良种少，专用饲料和渔用药物研发滞后，水产品加工和综合利用等技术尚不成熟和配套，直接影响了水产养殖业的快速发展。水产养殖的设施化和装备程度还处于较低的水平，生产过程依赖经验和劳力，对于质量和效益关键环节的把握度很低，离精准农业及现代农业工业化发展的要求有相当的距离。五是投入与基础设施问题。由于财政支持力度较小，长期以来缺乏投入，养殖业面临基础设施老化失修，养殖系统生态调控、良种繁育、疫病防控、饲料营养、技术推广服务等体系不配套、不完善，影响到水产养殖综合生产能力的增强和养殖效益的提高，也影响到渔民收入的增加和产品竞争力的提升。六是生产方式问题。我国的水产养殖产业，大部分仍采取"一家一户"的传统生产经营方式，存在着过多依赖资源的短期行为。一些规模化、生态化、工程化、机械化的措施和先进的养殖技术得不到快速应用。同时，由于养殖从业人员的素质普遍较低，也影响了先进技术的推广应用，养殖生产基本上还是依靠经验进行。由于养殖户对新技术的接受度差，也侧面地影响了水产养殖科研的积极性。现有的养殖生产方式对养殖业的可持续发展带来较大冲击。

因此，当前必须推进现代水产养殖业建设，坚持生态优先的方针，以建设现代水产养殖业强国为目标，以保障水产品安全有效供给和渔民持续较快增收为首要任务，以加快转变水产养殖业发展方式为主线，大力加强水产养殖业基础设施建设和技术装备升级改造，健全现代水产养殖业产业体系和经营机制，提高水域产出率、资源利用率和劳动生产率，增强水产养殖业综合生产能力、抗风险能力、国际竞争能力、可持续发展能力，形成生态良好、生产发展、装备先进、产品优质、渔民增收、平安和谐的现代水产养殖业发展新格局。为此，经与中国农业出版社林珠英编审共同策划，我们组织专家撰写了《现代水产养殖新法丛书》，包括《大宗淡水鱼高效养殖模式攻略》《河蟹高效养殖模式攻略》《中华鳖高效养殖模式攻略》《罗非鱼高效养殖模式攻略》《青虾高效养殖模式攻略》《南美白对虾高效养殖模式攻略》《淡水小龙虾高效养殖模式攻略》《黄鳝泥鳅生态繁育模式攻略》《龟类高效养殖模式攻略》9 种。

　　本套丛书从高效养殖模式入手，提炼集成了最新的养殖技术，对各品种在全国各地的养殖方式进行了全面总结，既有现代养殖新法的介绍，又有成功养殖经验的展示。在品种选择上，既有青鱼、草鱼、鲤、鲫、鳊等我国当家养殖品种，又有罗非鱼、对虾、河蟹等出口创汇品种，还有青虾、小龙虾、黄鳝、泥鳅、龟鳖等特色养殖品种。在写作方式上，本套丛书也不同于以往的传统书籍，更加强调了技术的新颖性和可操作性，并将现代生态、高效养殖理念贯穿始终。

　　本套丛书可供从事水产养殖技术人员、管理人员和专业户学习使用，也适合于广大水产科研人员、教学人员阅读、参考。我衷心希望《现代水产养殖新法丛书》的出版，能为引领我国水产养殖模式向生态、高效转型和促进现代水产养殖业发展提供具体指导作用。

中国水产科学研究院淡水渔业研究中心副主任
国家大宗淡水鱼产业技术体系首席科学家

2015 年 3 月

前　言

　　中华鳖，亦称甲鱼、团鱼，是一种用肺呼吸的两栖爬行动物，营养丰富，风味独特，并具有食药兼用的功效。随着人们生活水平的提高，中华鳖已逐渐成为深受国内外消费者喜爱的美味佳肴和保健食品之一。

　　近年来，我国养鳖业有了很大的发展，尤其在我国长江流域、珠江流域和黄河流域一带养鳖业的蓬勃发展，已带动形成了一个集种苗、养殖、饲料、药物、深加工综合利用及市场流通等于一体的产业群，并帮助一大批养鳖户脱贫致富，取得了显著的经济、社会和生态效益。根据多年的研究与养殖实践，编者育成了中华鳖日本品系和清溪乌鳖2个中华鳖国家新品种，并总结出一批高效生态养殖模式与技术。为推广这些良种和良法，更好地促进养鳖业的转型升级与健康可持续发展，编者综合国内中华鳖养殖的最新成果，组织编写了《中华鳖高效养殖模式攻略》，并列举了各地的特色养殖案例，供广大中华鳖养殖户、养殖企业及相关水产科研人员、水产技术推广人员参考使用。

　　鉴于本书编写时间仓促，编者水平有限，书中不妥之处在所难免，敬请读者雅正。

编著者

2015 年 3 月

目　录

序
前言

第一章　概述 ……………………………………………………… 1

　第一节　中华鳖养殖业发展历史回顾 ……………………… 1

　第二节　中华鳖养殖存在的主要问题与对策 …………… 4

第二章　中华鳖养殖品种特性介绍 ………………………… 8

　第一节　中华鳖的特性 ……………………………………… 8

　第二节　中华鳖日本品系的特性 ………………………… 18

　第三节　清溪乌鳖的特性 …………………………………… 20

第三章　中华鳖主要养殖模式 ……………………………… 22

　第一节　池塘仿生态养殖模式 …………………………… 22

　第二节　新型温室养鳖模式 ……………………………… 37

　第三节　温室外塘两段式养殖模式 ……………………… 52

　第四节　鱼鳖混养模式 …………………………………… 58

第四章　中华鳖其他养殖模式 ……………………………… 69

　第一节　虾鳖混养模式 …………………………………… 69

　第二节　鳖稻共作养殖模式 ……………………………… 79

　第三节　网箱养殖模式 …………………………………… 92

　第四节　大水面增养殖模式 ……………………………… 99

　第五节　鳖与水生经济植物共作养殖模式 …………… 108

第六节 三段式养殖模式 ························ 118

第五章 各地高效养殖成功实例 ··················· 124

第一节 余杭区高效仿生态养殖实例 ················ 124
第二节 萧山区新型温室高效养殖实例 ·············· 127
第三节 绍兴县新型温室高效养殖实例 ·············· 130
第四节 金东区新型温室高效养殖实例 ·············· 131
第五节 萧山区温室外塘结合两段式养殖实例 ········ 134
第六节 安徽中华鳖两段法养殖生态装备应用实例 ···· 135
第七节 南湖区中华鳖网箱养殖实例 ················ 142
第八节 上虞区大水面增养殖实例 ·················· 144
第九节 湖南省南县大宗淡水鱼与鳖混养实例 ········ 146
第十节 西湖区鱼鳖混养实例 ······················ 150
第十一节 上虞区鱼鳖混养实例 ···················· 151
第十二节 嘉善县鱼鳖混养实例 ···················· 153
第十三节 柯桥区虾鳖混养实例 ···················· 155
第十四节 温岭市虾鱼鳖混养实例 ·················· 156
第十五节 常山县鱼鳖混养实例 ···················· 158
第十六节 德清县鳖稻共作养殖实例 ················ 161
第十七节 安吉县稻鳖共作养殖实例 ················ 163
第十八节 衢江区稻鳖共作养殖实例 ················ 165
第十九节 常山县鳖莲共作养殖实例 ················ 167
第二十节 秀洲区鳖菱共作养殖实例 ················ 169
第二十一节 余姚市中华鳖与茭白共作实例 ·········· 170
第二十二节 安徽大别山区茭白田套养中华鳖实例 ···· 173
第二十三节 云和县三段式养殖实例 ················ 177

附录 ·· 181

附录1 中华鳖池塘养殖技术规范（GB/T 26876—2011）· 181
附录2 渔业水质标准（GB 11607—89） ············· 190
附录3 淡水养殖废水排放标准（SC/T 9101—2007） ·· 196

参考文献 ·· 197

第 一 章
概　述

第一节　中华鳖养殖业发展历史回顾

中华鳖属爬行动物，原产我国，广泛分布在我国长江、珠江及黄河流域的江河、湖泊及沼泽等水域。由于其具有良好的营养滋补作用和医用价值，一直来被人们视为营养滋补佳品和名贵的中药材。据记载，早在 3 000 多年前的周朝，就已将鳖作为朝中贡品。

我国作为中华鳖的原产地，虽然具有悠久的中华鳖文化，但人工养殖的历史不长，始于 20 世纪 70 年代，其主要养殖方式捕获野生的鳖种、稚幼鳖进行池塘养殖。但由于中华鳖的冬眠习性，养殖周期长。因此主要是进行暂养，以利用价格差获利。我国现代的中华鳖人工养殖业发展始于浙江，1985—1988年杭州市水产研究所开展了工厂化养鳖技术的研究，1989—1991 年实施了工厂化养鳖技术的示范与推广应用。

中华鳖温控养殖技术的突破与推广应用，促进了我国中华鳖养殖业的迅速发展。从 20 世纪 80 年代末以来，在短短的 20 余年间，我国中华鳖养殖尽管几经波折，问题不少，但总体发展很快。2013 年养殖产量达到 34.4 万吨，养殖区域覆盖 20 余个省（自治区、直辖市），已成为我国重要的水产养殖产业之一。其中，浙江省达 15.5 万吨，占全国养殖产量的 45.1%，成为该省第一大养殖品种。我国中华鳖养殖业发展的过程，大致可分以下三个阶段：

1. 第一阶段　从 20 世纪 80 年代中后期到 90 年代中期，此阶段可称为养鳖业发展的起步阶段。此阶段的主要特征：一是温室养殖模式与技术的推广应用，温室养鳖将中华鳖的养殖周期缩短到 10～12 个月，平均产量每平方米达2.5～3.5 千克，作为一种先进实用的养殖模式，已由浙江向江苏、广东、湖南、安徽等地推广应用；二是养殖的苗种来源主要是通过野生鳖的捕获或人工养成的成鳖，经人工培育后产卵孵化的稚鳖；三是鳖的价格高，市场供不应求，规格在 400～500 克大小的商品鳖价格在每千克 200～300 元，亲鳖价格每千克 300～500 元，稚鳖价格每只 10～15 元。温室养鳖的推广应用与显著的效益，使我国的养鳖业呈现了快速发展的良好势头。1993 年，全国养鳖产量仅为 0.44 万吨，到了 1995 年达到 1.74 万吨。

2. 第二阶段　从 20 世纪 90 年代中期开始到 21 世纪初，此阶段可称为快速发展与调整阶段。90 年代中后期，在养鳖效益的驱动下，大量的工商企业投资兴建温室，从事养鳖产业，迅速推动了养鳖业的发展。养鳖产量从 1995 年的 1.74 万吨增加到 2000 年的 9.27 万吨，短短 5 年时间鳖的产量增加了 4.3 倍。

在本阶段，养鳖模式与技术有了进一步的改进与完善。浙江省水产技术推广总站 1996 年开始在总站所属的试验示范基地进行了透光大棚、单层池布局的新的温室养殖模式，采用温室养鳖种、池塘养商品鳖的两段法养殖模式的试验与示范推广，中华鳖的养殖周期为 12～15 个月，鳖的品质、养殖环境得到明显的改善。同时，由于台湾鳖繁育季节早，每年 5～6 月在池塘中直接放养稚鳖进行池塘生态养鳖，经分级养殖，2～3 年后可陆续上市。浙江余杭大力推广池塘生态养殖模式，并于 1999 年将此模式养成的商品鳖统一注册为"本牌"商标。

养鳖业的快速发展，促进了对鳖的营养与饲料的研究，国内不少学者对中华鳖不同的生长阶段提出了营养需求与饲料配比。此时的中华鳖饲料蛋白含量高、优质鱼粉用量大，一般粗蛋白含量在 45%～48%，鱼粉占原料的百分比在 50%～65%，饲料系数 1.5～1.8。

中华鳖养殖在快速发展的同时，也出现了大量的问题。主要有：一是养殖环境污染与质量安全问题已开始受到关注。早期建设的养殖温室大多数不透光，池子呈立体式布局，一般 2～3 层，造价高。养殖过程中换水少，加上残饵、排泄物等，水体易发黑、发臭，鳖的病害增多。为防治鳖病，养殖业主往往会违规使用各类抗生素，这已成为鳖质量安全的重大隐患，成为影响鳖市场、继而影响养鳖业发展的关键因素之一。二是苗种严重不足，大量的境外苗种通过各种渠道进入。养殖规模的不断扩大，对鳖种、鳖苗的需求急剧增加，在发展初期主要依靠本地鳖种进行人工繁育的苗种，已无法满足养殖需求，一些养殖业主放养从台湾、东南亚等地引进的苗种。境外苗种的引进在一定程度上满足了养殖的需求，但也产生了新的问题。

由于境外鳖主要来自台湾、东南亚等地，适宜于高温环境，其个体性成熟早，裙边较窄，后期生长趋慢，品种的生产性能并不理想，与本地鳖杂交造成种质混杂退化。同时，境外鳖种未经检疫，直接引进放养，造成病害增多，养殖损失严重。如出血性肠道坏死症在养殖境外苗种期间开始流行，一直以来对养鳖业造成严重危害。三是商品鳖价格的大幅回落，养鳖企业损失严重。90 年代中期开始，随着鳖产量的增加，鳖的价格开始大幅下降，商品鳖的价格每千克温室鳖降到 40～50 元、外塘鳖降到 50～70 元，造成一大批养殖业主因亏损严重停业或转产。

3. 第三阶段 从 21 世纪初开始到现在。中华鳖养殖业从养殖产业的各个环节进行了较为系统的改进与提升，称为转型与提升阶段。其主要特征：一是养殖模式与技术。21 世纪初以来，中华鳖养殖产业面临成本、市场、质量安全等的压力，发展多种的养殖模式与集成创新养殖技术成为明显的特点。在养殖模式方面，重点推广了"温室＋外塘"两阶段养殖、池塘生态分阶段养殖、池塘鳖鱼混养等养殖模式，近几年来又发展推广了虾鳖混养、稻鳖综合种养模式与技术。浙江省虾鳖混养 10 余万亩、鳖稻共作或轮作模式 2 万余亩。二是良种的繁育与推广。中华鳖养殖品种由于来源不一，种质混杂和退化现象在所难免，造成养殖性状下降，如性早熟、生长减慢和抗病力下降等现象。为改变这种状况，提高优质种苗的繁育能力，从 21 世纪初开始建设中华鳖的原良种场，现已形成从中华鳖遗传育种至各级良种场的良种繁育体系。同时，新品种的选育与推广取得了突破。浙江省水产引种育种中心与杭州萧山天福生物科技有限公司选育的"中华鳖日本品系"，2008 年获国家水产新品种证书，该品种生长快、抗病力强，现已推广到全国各地，成为主要养殖品种，仅在浙江年繁育推广已近 2 亿只；与浙江清溪鳖业有限公司选育的"清溪乌鳖"，2009 年获国家水产新品种证书，该品种鳖体呈灰黑色，营养丰富，价格高，现已推广应用。同时，以这 2 个新品种为配套系，进行了杂交育种与杂交优势的利用。三是产品的质量安全监控。自 2001 年以来，我国对中华鳖质量安全进行监督抽检，并于 2010 年进行龟鳖质量风险隐患分析评估。浙江省 2003 年开始每年对中华鳖质量安全进行重点监控，打击了违规及非法用药，保障了中华鳖的质量安全。四是温室的改造。温室养鳖对环境的污染问题，随着产业规模的扩大与集聚明显呈现。在此期间，不少养殖企业通过温室的改造，主要包括透明采光、地热加温、废气过滤及尾水收集处理等，同时，通过多种健康养殖模式与技术的结合应用，减少养殖对环境的影响。

第二节　中华鳖养殖存在的主要问题与对策

当前，养鳖业经过较长时期的发展，又面临着新的问题。一方面，出于对养殖环境、质量安全等的关注，温室养殖模式颇受各方争议；另一方面，养殖效益大幅下降。中华鳖的养殖成本近几年来一直居高不下，但中华鳖的市场价格已大幅下降，根据浙江杭州主要鳖市场价格数据，每千克商品鳖价格 2010 年为 43.6 元、2011 年为 62.7 元，到 2012 年达到 81.7 元，但到了 2013 年价格一路回降到 39.3 元，2014 年上半年为 35.7 元。中华鳖价格的大幅回落，部分养殖业主处于亏损状态，面临停产或转型升级的压力与选择。为此提出以下几点建议：

一、控制养殖污染

随着生态文明建设的推进，养殖环境的污染越来越受到关注。中华鳖养殖特别是温室养殖，区域集聚度高、养殖密度大，投喂的饲料蛋白质含量高，水体中残饵及粪便使水体发黑、发臭，水中总磷总氮含量高，含氧量低，养殖尾水排放又普遍缺少集污处理。在温室大棚养殖模式中，目前普遍还是采用非清洁能源，如煤、废弃建筑木材等，废气排放不达标。正是由于养殖带来的污染，一些养鳖省份开始对温室养殖进行整顿治理，在不少地区已成为能否生存的主要问题。浙江省 2013 年开始对全省 1 500 万米^2 的温室进行整治，现已拆除约 500 万米^2。

解决养鳖环境污染问题，首先要树立生态优先的发展理念，对养鳖区域进行科学规划，合理布局，从源头上控制。今后，凡是新建的场必须符合区划要求，对于村镇、水源河道附近不合适的可以划定禁养区，对于适合的区域则要注意养殖规模与环境承受能力，合理布局。二是完善养殖设施，尾水、废气只有经处理后才能排放。对于养殖设施特别是温室，都要求透光，采用太阳能、地热、秸秆炉等新技术，配套建设废气排放灰尘回收处理池、尾水收集池等。研究与监测结果表明，经处理的废气可回收 80%～90% 的灰尘，可达到工业排放标准；尾水经处理后，总磷、总氮、COD$_{cr}$、氨氮、BOD 等指标可降低 75%～88%，悬浮物可降低 97%。对于温室养殖方式，按 1 000 米^2 温室养殖面积配 200～300 米^2 的尾水收集及处理池，就可以基本满足。

二、保障鳖产品的质量安全

中华鳖作为一种滋补佳品和药材，质量安全更为受人关注，中华鳖的质量安全应成为产业发展的前提。影响中华鳖质量安全的主要因素是环境、渔药等投入品。环境因素主要是中华鳖的养殖水体水质状况，一般而言，在集约化养殖条件下，养殖水质往往富营养化，总氮、总磷、BOD 等会超标，影响中华鳖的品质与质量安全。同时在这样的环境中，易发生各类病害，据浙江省对养殖鳖病害的监测，主要病害共有 10 余种。其中，危害较大的有稚、幼鳖养殖阶段的白点病、腐皮病；成鳖养殖阶段的疖疮病、出血性肠道坏死症等。病害的发生往往会使养殖者违规使用渔药，成为中华鳖质量安全的主要风险隐患，如在对中华鳖质量安全抽检中，有时还可监测到一些违禁药物，如孔雀石绿、硝基呋喃代谢物等。违规使用抗生素预防或治疗病害，提高了病害对药物的抗药性。浙江省水生动物防疫检疫中心监测中华鳖最为常见的致病菌气单胞菌，发现总体耐药情况严重，对恩诺沙星、四环素、复方新诺明等敏感率只有 25%～35%。在国标渔药中，氟苯尼考敏感率最高，也只有 77.5%，而且在不同的养殖场同一菌种的不同菌株存在着明显的耐药性差异。而对于可以使用的药物，缺乏较为系统的药物代谢研究和休药期的规定。

保障中华鳖质量安全除了要落实业主为责任主体外，必须在养殖过程实行标准养殖和全程监管。我国对于中华鳖养殖已有国家标准，不少省也有地方标准，在生产过程中需进行推广应用。建立中华鳖质量安全可追溯系统，加强对生产全过程的监控，重点开展质量安全风险隐患排查、药物代谢、快速检测及超微量检测技术的研究。

三、集成创新养殖模式与技术

近几年来，养鳖业在发展过程中又创新了大量的养殖模式与技术。其主要有：

1. 新型温室养殖　新型温室指养殖温室透光，有废气、尾水处理设施。温室养殖模式在养鳖业中不可替代，除了池塘生态分级养殖模式外，其他养殖模式的鳖种均要经过此段养殖。因此，要大力推广新型温室养殖模式，其主要基于：一是培育鳖种，中华鳖自 5 月开始从南到北陆续产卵，到 8 月初产卵结

束，经 45～50 天的孵化，要在 7～9 月出苗，10 月以后随着温度下降要进入
冬眠，过冬死亡率高。因此，利用温室培育苗种，是提高养鳖产量的有效途
径；二是设施养殖效率高，新型的透光温室如果按 15%～20% 的面积配套建
设尾水处理池，采用清洁能源和废气处理，既能控制养殖污染，又能大幅提高
单位面积的生产能力，而且鳖的质量安全同样可控，因此，在空间压缩下，透
光温室养殖模式仍然是当前高效生态的养殖方式。

2. 多品种混养 鳖虾、鳖鱼等多品种混养，实现不同的养殖品种在同一
水体中的有机搭养，不失为当前生态养殖与循环利用的一种好的模式。如虾鱼
鳖混养，鳖摄食病虾，鳖排泄物作为有机肥培育天然浮游生物，鲢、鳙滤食浮
游生物，循环利用。

3. 种养结合 在鳖池中种稻、在稻田中养鳖，是生态养殖的一种新的模
式。在鳖池中种稻，鳖的排泄物是水稻的优质有机肥，通过水稻的吸收，可以
改善鳖池环境，可显著降低鳖病的发生。在稻田中养鳖，可以通过鳖的活动，
减少水稻病虫害的发生，降低农药、化肥使用，同时也为生态养鳖、养高质量
的鳖提供了富有潜力的养殖空间。1 亩水稻可以放养稚鳖 1 000 只或鳖种 500
只左右，其发展潜力巨大，局部区域可以形成"温室养鳖种＋稻田养商品鳖"
的新两段法养殖模式。

四、加强优质种苗的繁育与品种创新

种苗是养殖的基础，当前其主要问题是优质种苗繁育能力和新品种创新能
力不足。近几年来，我国稚鳖年产量在 5 亿～6 亿只，而养殖实际需求在 10
亿只以上，约有一半左右的稚鳖还需从境外引入。当前重点要进一步完善提高
各级良种场建设，大力提升优质种苗的生产能力，以满足或基本满足养鳖的
需要。

我国地域广阔，中华鳖不同的地理分布形成了不同的地理种群，并在种质
上有了一定的差异，这为中华鳖的育种提供了丰富的育种材料。但是，由于中
华鳖的新品种选育周期长、投入大，搞育种研究的力量不足。目前，获国家水
产新品种证书的中华鳖新品种仅为中华鳖日本品系和清溪乌鳖。显然，这与中
华鳖产业发展的需求极不适应。因此，今后的重点应是利用各级良种场，建立
种质资源库，加大对各地理种群和现有新品种保种，为新品种的选育提供丰富
的育种材料。同时，还要注重现有新品种的持续选育和杂交优势的利用，突破

高雄性比例的育种制种技术，使新品种、优良品种成为产业转型升级的基础。

五、加快推进高效环保饲料的应用

20 世纪 80 年代中后期，随着人工养鳖业兴起，中华鳖饲料在基于鳗饲料基础开发而成，饲料中蛋白含量高，并根据鳖的不同生长阶段，饲料中蛋白含量在 45%～48%，主要原料为白鱼粉，饲料形态均为粉状。虽然这种饲料营养水平高，但成本大，饲料费要占养鳖成本的 50%～60%，成为影响养殖效益的主要因素之一。出于养殖成本与环境的压力，对传统的中华鳖饲料需要新的研究与认识，如在饲料中粗蛋白的合适含量、主要原料鱼粉的替代物以及饲料形态等几个方面。中华鳖属杂食性爬行动物，对饲料中的蛋白含量并不要求很高。国内有学者曾提出，可以适当降低饲料中蛋白含量，以降低成本。近几年的研究成果也表明，饲料中粗蛋白的含量 40% 左右就能满足其生长需要。传统的鳖饲料为粉状饲料，通过 α-淀粉加水后制成软颗粒饲料，易在水中散失浪费。笔者等从 2001 年开始连续 4 年全程用膨化颗粒料投喂，6 月底、7 月初放养初重为 500 克左右的鳖种，到 10 月初投饲结束，平均体重可增加约 300 克，饲料系数 1.5～1.7。

六、重点突破鳖产品的加工与市场拓展

中华鳖的市场习惯上一直是以活鳖销售为主，因此局限性大。在国内市场，主要在华东、华南地区，国外市场则在日本、韩国及东南亚部分国家，但问题不大。随着中华鳖产业的不断发展，国内的活鳖市场出现季节性和区域性过剩，造成鳖价下降。近几年来，已有不少商品鳖压塘待售。

拓展市场的关键是，突破中华鳖产品的加工，延长产业链。尽管近几年来已有一些中华鳖的加工产品上市，如真空包装即食产品、各种鳖制品（如中华鳖粉、中华鳖肽蛋白粉）等，但加工量不大。突破中华鳖的加工，重点在于开发大众化的产品，如真空包装的即食产品、活杀速冻冷链等产品，并创建品牌，培育消费者对中华鳖加工产品的消费信心和接受程度。

第二章
中华鳖养殖品种特性介绍

第一节　中华鳖的特性

一、分布与生活习性

中华鳖，又名水鱼、中华鳖、团鱼，是常见的养殖鳖种。野生中华鳖在中国、日本、越南北部、韩国、俄罗斯东部都可见。中华鳖在中国广泛分布，除西藏和青海外，其他各省均产，近年在新疆地区也发现有野生中华鳖。

中华鳖生活于江河、湖沼、池塘、水库等水流平缓、鱼虾繁生的淡水水域，也常出没于大山溪中。在安静、清洁、阳光充足的水岸边活动较频繁，有时上岸但不能离水源太远。能在陆地上爬行、攀登，也能在水中自由游泳。喜晒太阳或乘凉风。民间谚语形容鳖的活动是"春天发水走上滩，夏日炎炎柳荫栖，秋天凉了入水底，冬季严寒钻泥潭"。夏季有晒甲习惯，寒冷的冬季会冬眠，翌年开始苏醒寻食。

肉食性，以鱼、虾、软体动物、昆虫等为主食，也食水草、谷类等植物性食物，耐饥饿，但贪食且残忍，如食饵缺乏还会互相残食。性怯懦怕声响，白天潜伏水中或淤泥中，夜间出水觅食。

二、形态结构特点

（一）骨骼结构特性

中华鳖属于爬行动物。爬行纲动物按体型分为蜥蜴型、龟鳖型和蛇型。其中，龟鳖型是爬行动物中体型最为特化的类群。

中华鳖骨骼系统由外骨骼和内骨骼组成。背甲和腹甲为外骨骼；脊柱和头骨等中轴骨，肩带、前肢骨、腰带、后肢骨等附肢骨均为内骨骼。具体结构为：

1. 背甲　是 1 块椭圆形、背面拱起的骨板，除去皮肤后，可见由 25 块小骨板，以锯齿状的骨缝缀合而成。前面 1 块狭长横板为颈骨板。颈骨板以下，正中是一纵列 7～8 块方形小骨板，为椎骨板，最后 1 块为三角形。两侧是 8 对横向长方形的肋骨板，肋骨板内缘与椎骨板相接，外缘游离。第 8 对肋骨板位于椎骨板之后，在中线相互缝合。在颈骨板和椎骨板、肋骨板相接处，有 1 对卵圆形的小孔（图 2-1）。从背甲内表面来看，中央椎骨板上附着胸椎；胸椎两旁各有 1 根肋骨，与肋骨板愈合。肋骨远端伸出与肋骨板的游离面之外，所以，背甲是外骨骼和一部分内骨骼共同组成的（图 2-2）。

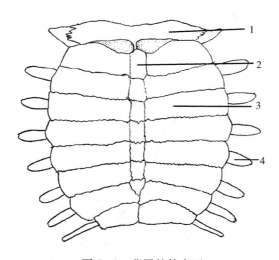

图 2-1　背甲的外表面
1. 颈骨板　2. 椎骨板　3. 肋骨板　4. 肋骨

2. 腹甲　较背甲小而扁平，中段两侧弯向背面，以皮肤与背甲相连。除去皮肤后，可得 9 块小骨板，形状互异。最前面是 1 对细薄镰刀形相背而立的小骨板，为其他龟类所无，暂命为新腹骨板。其次是 1 块倒 V 字形骨板，为上腹骨板。后面是 1 对狭长横向的舌腹骨板和 1 对同形的下腹骨板，上下相互愈合。骨板的内缘，有齿状突起，伸向腹甲中线的 2 个中央腔；外缘亦有齿状突起，弯向背面。最后 1 对圆形的剑腹骨板，以内侧的齿状突起，嵌合在一起；而外侧的齿状突起则与下腹骨板内缘的齿状突起相关接。腹甲中缺少其他龟类的内腹骨板（图 2-3）。

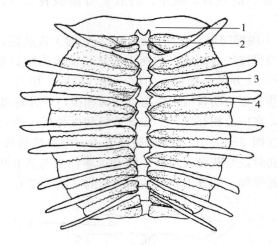

图 2-2　背甲的内表面

1.颈骨板　2.胸椎　3.肋骨板　4.肋骨

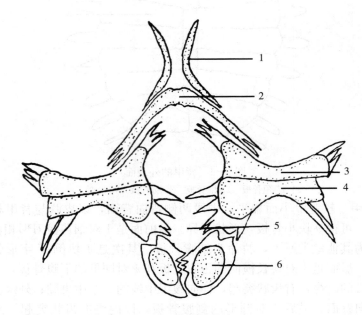

图 2-3　腹甲的外表面

1.新腹骨板　2.上腹骨板　3.舌腹骨板　4.下腹骨板　5.中央腔　6.剑腹骨板

3. 脊柱　由 32～34 块脊椎连接而成。每个脊椎通常由椎体、髓弓、髓棘、横突、前关节突和后关节突等构成。由于功能不同，各部分脊椎的结构，有进一步的分化：

（1）颈椎　共 9 枚。第 1、2 枚颈椎特化为寰椎和枢椎。自第 3 颈椎开始，为一般典型的颈椎。椎体后凹型，有髓弓及前、后关节突。第 8 颈椎椎体后端有 2 个凹面，与第 9 颈椎椎体前面的 2 个凸面相嵌合。第 9 颈椎的后关节突很大，与第 1 胸椎的前关节突相接。

（2）胸椎　共 20 枚。椎体为前凹型。第 1 胸椎的椎髓弓不与背甲的颈骨板愈合，前关节突很大，与第 9 颈椎的后关节突相接。前关节突后面伸出 1 对短小的肋骨。从第 2～10 胸椎，髓弓的背侧部分与背甲椎骨板愈合，仅腹侧部分与扁平的椎体形成椎管。

（3）荐椎　2 枚，较小，椎体前凹型，除前、后关节突外，并有横突，上

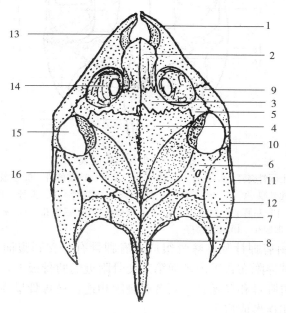

图 2-4　头骨的背面观

1. 上颌骨　2. 前额骨　3. 额骨　4. 顶骨　5. 后眶骨　6. 前耳骨
7. 后耳骨　8. 上枕骨　9. 颧骨　10. 方轭骨　11. 方骨　12. 鳞
骨　13. 鼻窝　14. 眼窝　15. 颞区　16. 耳凹

面附着较大的荐肋。两荐肋于远端会合，并与腰带的髋骨相接。

（4）尾椎　11～13 枚不等，椎体前凹型，由前到后逐个变小，有明显的髓弓、髓棘和关节突。前关节突较大，后缘扩展如横突。椎体的腹面扁平或内凹。最后 2 枚，仅有棒状的椎体。

4. 头骨　宽而背腹扁平，略呈五角形，除下颌骨外，各骨均固结不活动。整体观察如图 2-4 和图 2-5。

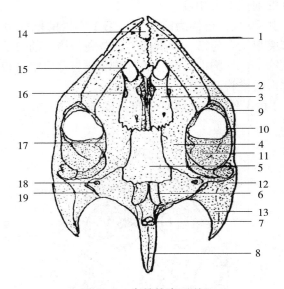

图 2-5　头骨的腹面观

1. 上颌骨突腭　2. 犁骨　3. 腭骨　4. 翼骨　5. 基蝶骨　6. 基枕骨　7. 枕骨髁　8. 上枕骨脊突　9. 颧骨　10. 方轭骨　11. 方骨　12. 鳞骨　13. 后耳骨　14. 门齿孔　15. 内鼻孔　16. 后腭孔　17. 蝶孔　18. 卵圆孔　19. 后破裂孔

5. 肩带　由肩胛骨及乌喙骨组成。肩胛骨有分支到腹面为前肩胛骨。肩胛骨远端以韧带连附在背甲内表面第 1 肋骨附近的肋骨板上，是肩带的背面部分。腹面是前肩胛骨和乌喙骨，两者有腱膜相连。乌喙骨呈扁平菜刀状，外侧的柄与肩胛骨相连形成肩臼。

6. 前肢骨　由肱骨、桡骨及尺骨、腕骨、掌骨、指骨等五部分组成。腕骨共 10 块。掌骨 5 块。指骨 5 排，各排指数为 2、3、3、5、4。

7. 腰带　由髋骨、尺骨及坐骨组成。

8. 后肢骨　由股骨、胫骨、跗骨、跖骨、趾骨等五部分组成。跗骨 7 块。跖骨 5 根，趾骨 5 排，各排趾数为 2、3、3、4、2。

（二）肌肉系统

中华鳖颈长、尾短，躯干部扁阔，具背、腹甲及短粗四肢。它在水中捕食鱼、虾及各种小型软体动物。繁殖季节在水中交配，雌性在沿岸湿地用后肢挖沙为穴产卵于穴内。如遇敌害，则逃窜水中，或者把头、颈、四肢及尾部全部退缩背腹甲之间的孔内得到保护。中华鳖的中轴肌或附肢肌方面，既有和一般四足动物相同的特征，又有它和其他龟鳖类爬行动物所特有的一些特征。主要表现在以下几方面：

（1）与它扑取水生动物为食的生活习性相适应的，中华鳖的颌具有很强的咬力。因而在头部，运动下颌的肌肉如颞肌、咬肌、翼肌、下颌降肌等都是比较坚硬的肌肉。

（2）与它既在水中游泳、又在陆地爬行的运动方式相适应的，它的肩带、腰带、前肢、后肢各骨上都附着着和其他四足动物大体一致的附肢肌，不过肌肉更为粗壮结实，因为它的附肢比较短粗而有力。

（3）由于具有背、腹甲，而且它的头、颈、四肢及尾部都能退缩到背腹甲之间的前孔、后孔内，因而中华鳖具有龟鳖类爬行动物所特有的一些肌肉，如背甲颈椎肌、背甲肩胛骨肌、背甲颈皮肌背甲尾肌、背甲髋骨肌、腹甲耻骨肌、乌喙腕骨肌及尾跗骨肌等，为其他动物所无。

（4）由于躯干部有背、腹甲包住，不能活动，而且胸椎和肋骨均和背甲骨板愈合在一起，故躯干部的轴上肌、轴下肌均已退化，仅留下体腔膜以外与背、腹甲相贴近的薄层体壁肌。其中，腹壁肌尚可认出腹直肌及腹外斜肌等。

五是牵引头颈部作 S 形垂直弯曲的颈长肌特别发达，从头骨腹面起沿颈部腹面，一直伸展到体腔背壁，附着在背甲的肋骨板及尾部末端尾椎的椎体上。

（三）循环系统

在脊椎动物从水生到陆地生活、从鳃呼吸到肺呼吸的演变过程中，血液循环出现了肺循环和体循环，心脏的结构和动脉、静脉的分布情况也渐趋复杂。中华鳖是一种爬行动物，它的血液循环系统发展处于这种演变中的不完善的过渡状态。较其他龟类略有差异，具体表现为：

（1）心脏由两心房一心室组成，静脉窦在背面，包被入右心室内，动脉圆锥退化。心室通出的 3 根主动脉的基部有一被膜包住，可能是动脉圆锥的残余。心房壁呈海绵状，心室壁为肌肉质。房室孔周围有瓣膜。右侧房室瓣较大，向后延伸为纵行的不完全的室间隔，有局部的、暂时的分隔心室中血流的作用。

（2）从心室通出的3根主动脉中，肺动脉的开口接近心室的右侧，将来自右心房的减氧血输送到肺；右大动脉弓的开口接近心室的左侧，来自左心房的充氧血通过臂头动脉输送到头和前肢，本身再从右侧弯向背面，与左大动脉弓会合；左大动脉弓的开口正在心室的中间，将含氧较少的混合血通过胃动脉等分支，输送到消化器官，本身再与右大动脉弓会合成背大动脉。

（3）背大动脉纵行向后，分出成对的肾生殖腺动脉、腹壁动脉和髂总动脉，末端分成1对直肠动脉。髂总动脉的1支分布于尾部为尾动脉；而其他龟类则有4对肾动脉且背大动脉伸展到尾部，为尾动脉。

（4）肺静脉进入左心房。2根前大静脉1根厚大静脉及1根左肝静脉，通过静脉窦进入右心房。后大静脉经过右肝叶的背面时，被包入肝脏腹膜内，并接受了右肝静脉，从肝脏通出，再进入右心房。

（5）肝门静脉、肾门静脉和腹静脉存在。1对腹静脉汇集后肢、尾及泄殖腔壁等静脉通入肝脏。肾门静脉汇集膀胱、泄殖腔、阴茎等静脉又和脊椎静脉相连，通入肾脏。肾门静脉已渐趋退化。连接2根纵行的腹静脉的横腹静脉，在骨盆的背面、靠近坐骨的闭孔肌。

三、生理生化特点

1. 血液生化指标特点　对中华鳖血液生化指标，有学者开展了研究，但由于样本数量限制和取样年龄的差异，并未给出各生长阶段中华鳖血液生化指标参考值。总体看来，中华鳖血清总蛋白和白蛋白较猪低，这与其血浆较低的胶体渗透压有直接关系。数值与淡水龟类（草龟和水龟）的值接近。血清中测出的尿酸含量与禽类相似，表明中华鳖为尿酸型代谢类型。血清中甘油三酯、胆固醇和游离脂肪酸含量高于禽类，说明中华鳖可能有较高的脂类代谢水平。

2. 背甲与肌肉生化组成特点　中华鳖肌肉与背甲中含有22种以上的矿物元素。肌肉中含量较大的有8种，按其含量大小依次为：钾（K）、钠（Na）、钙（Ca）、铁（Fe）、镁（Mg）、硅（Si）、锌（Zn）、磷（P）。背甲中含量较大的有12种：钙（Ca）、钠（Na）、磷（P）、硅（Si）、钾（K）、锶（Sr）、铝（Al）、镁（Mg）、铁（Fe）、锌（Zn）、钼（Mo）、硒（Se）。背甲与肌肉中含量居前8位的元素不同，可见不同组织部位对矿物质元素的选择性不同。肌肉与背甲中钙质含量高，但是磷含量较其他动物低，表明其是利于吸收的优良钙源。

3. 功能性成分　中华鳖肌肉、背甲和裙边中除了含有蛋白质、脂类等营养素外，还含有一些重要的调节生理功能的成分：多糖，组成有氨基半乳糖、氨基葡萄糖、甘露糖、半乳糖醛酸、半乳糖、葡萄糖、葡萄糖醛酸和戊糖，其中，半乳糖含量最高；胶原蛋白，研究表明中华鳖皮裙边中存在着 I 型胶原蛋白和 V 型胶原蛋白；牛磺酸，中华鳖血液、肌肉、肝脏、胆汁和卵中均含有牛磺酸，其中胆汁中含量极高；维生素 B_{17}，又称苦杏仁苷，是一种具争议的抗癌药物。有研究表明，1 千克中华鳖粉中可提取维生素 B_{17} 10.39 毫克。

四、繁殖特性

中华鳖形态上区别雌雄，主要根据背甲形状、尾的长短及后肢间距离的宽狭。长江流域中华鳖 4～6 月进行交配，雌雄中华鳖在水中或水下交配，可持续 5～30 分钟，雄性用前肢抱住雌性的背甲，有时咬住雌性的颈部、头部或四肢。中华鳖交配约 2 周后营巢产卵，大致从 5 月底至 8 月中旬。雌鳖在适宜的向阳沙地掘穴产卵，借日光辐射的热能而孵化。每年产卵 2～5 次，每次产 8～20 枚卵。繁殖期雌鳖体腔的大部分为 1 对黄色卵巢，背面有 1 对白色弯曲的输卵管，前段开口于体腔的背中线，后端通入泄殖腔。雄性的精巢和附睾也比平时大许多，输精管的末端通入泄殖腔。1 根棒状的阴茎交接器隐藏于泄殖腔内，其背面有一纵沟。阴茎龟头末端呈深褐色，展开时分成 5 个尖瓣，和其他龟类的 3 个尖瓣有所不同。

1. 雄性性腺发育　中华鳖成熟的精巢由生精小管组成，生精小管一侧为管壁上皮，另一侧为发生区；各个生精小管中生殖细胞发育基本同步，在生精小管内生殖细胞成熟方式由近基膜处向管腔推进，依次是精原细胞、初级精母细胞、次级精母细胞、精子细胞核精子，最终进入输精小管。中华鳖精巢的发育可分为 4 个时期，即精原细胞期、精母细胞期、精子细胞期和精子期。

解剖研究表明，自然生长情况下中华鳖精巢发育情况为：

胚胎至出壳稚鳖期：中华鳖自孵化第 24 天至出壳的胚体未出现典型的精巢结构，精小叶和精小管尚未形成，但精原细胞可见。

1 龄鳖：精巢的曲细精管内只有精原细胞组成，且分布较散，曲细精管的半径在 310～590 微米。

2龄鳖：精巢曲细精管的生精上皮除有精原细胞外，初级精母细胞也已出现。

3龄鳖：曲细精管的半径在750～870微米，紧靠基膜处，精原细胞2～3层，依次是2～3层初级精母细胞，开始出现精细胞和少量精子。

4龄鳖：精巢的曲细精管已出现减数分裂，除靠近基膜的精原细胞和初级精母细胞之外，还有排列通向管腔的次级精母细胞、精细胞核精子，曲细精管的半径在520～910微米。

成熟雄性中华鳖输精管和间质组织的功能活动有极显著的季节差异。在繁殖时期间质细胞增大，精子从附睾中排出后，附睾的重量下降约48%。这一时期，精巢重量较轻，没有很大的变化，精子不成熟。精子发生从5月开始，5月中旬生精上皮出现不同发育时期的精子。6、7、8月精子继续生产，9月精子形成旺盛，10月生精上皮主要由精细胞和精子组成，精子大量涌入曲细精管腔内，精巢此时最大，而附睾管直径减小。11月至翌年2月，精子进入附睾而停止生成时，精巢的重量迅速下降，生精上皮仅含精原细胞和足细胞。

2. 雌性性腺发育　对雌性中华鳖卵巢发育，有学者将仿生态养殖条件下卵巢划分为卵原细胞器、初级卵泡期、生长卵泡期和成熟卵泡期。对温室非冬眠条件下卵巢发育，有学者划分为卵原细胞器、初级卵泡期、生长卵泡期（小生长期）、生长卵母细胞期（大生长期）和成熟卵母细胞期。

解剖研究显示，天然养殖环境下卵巢发育为：

稚鳖：卵巢隐约可见，位于体腔后部脊柱两旁，肾脏的腹方前外侧，呈短细管状，无色且透明，表面光滑，卵巢前方靠系膜连于体腔的背侧。

1龄鳖：卵巢肉眼可辨，可见无色、胶状和透明的卵泡。

2龄鳖：可见卵泡多数无色、胶状、透明，部分卵泡开始变成淡黄色。

3龄鳖：腹腔卵巢可见大、中、小3种发育不等的卵泡，少数卵母细胞进入成熟期，开始出现成熟的卵泡，卵泡呈黄色，成熟的卵泡从卵巢表面隆出，形成卵泡囊，卵泡囊表面布满毛细血管。

4龄鳖：体腔除小肠、大肠、输卵管外，全部被卵径不等的卵泡充满，成熟卵泡黄色位于卵泡囊内，卵泡囊表面密布毛细血管；卵泡直径大小不等，小的1毫米左右，大的有14毫米左右，此时卵巢发育至成熟期。

成熟雌性中华鳖体内，完全成熟的卵细胞直径达17～20毫米，而卵原细胞仅8～10微米。

鳖卵为圆形，少数为微椭圆形。鳖卵蛋白含量少，卵黄含量多，属多黄卵。卵的最外层是卵壳，约占卵重的 20%，钙质，上密布气孔，是气体进出鳖卵的门户，鳖胚呼吸的通道。向内为 2 层壳膜无气室。蛋白含量少，约占卵重的 21%，黏稠均一，无浓蛋白和稀蛋白区分，且位于卵的动物极和卵的周围。卵黄含量多，约占 59%，几乎占据卵的整个空间，是鳖胚发育的营养物质。无蛋白系带，因此，在孵化过程中不能翻动卵。卵刚产出时，胚盘位于动物极一端卵黄的表面、蛋白之下。

3. 精子储存　由于中华鳖配子成熟、排放和交配不是同时发生的，这就需要几个过程相互协调，达到正常受精的目的。中华鳖和多数爬行动物一样，存在着精子储存的繁殖特点。

（1）雄性精子储存　中华鳖精子是秋季一次性从精巢排到附睾，其他时间曲细精管不再释放成熟精子，但一年当中每个月份附睾中都分布着大量精子，而且精子微细结构完整而正常。不同月份，附睾上皮的细胞组成和结构发生相应变化，与上皮的分泌活动相适应。秋季排精时精子进入附睾，上皮分泌活动加强，为冬眠期精子储存做好准备。进入冬眠后，附睾上皮分泌活动降低，但大量精子可以利用秋季的分泌物活动营养，度过分泌活动的相对静止期。

（2）雌性精子储存　有资料显示，成年雌性中华鳖在自然条件下与雄鳖隔离饲养，一年以后解剖取样，结果发现中华鳖输卵管蛋白分泌部后段至子宫部前段的管壁内有迷路样的贮精小管，小管中分布着大量精子，这些精子表面形态和内部结构完整。取这些精子镜检，具有活跃的活动能力。

4. 性别决定　龟鳖类动物的性别决定普遍认为有两种形式：一种是基因型性别决定（genotypic sex determination，GSD）；另一种是温度依赖型性别决定（temperature-dependent sex determination，TSD）。

国内学者对中华鳖性别决定方式目前尚无统一观点。朱道玉、孙西寨等的研究表明，中华鳖属于温度决定型中的 FM 型，性腺自 7 100 度小时开始分化，13 000 度小时结束；聂刘旺等人的研究显示，中华鳖属于温度决定型中的 MF 型；笔者采用控温、控湿全自动孵化机设置了 25、27、29、31、33、35℃五个温度开展的实验结果与杜卫国等人的研究结果相同，表明实验条件下温度对孵出稚鳖的性比无显著影响。日本学者川口用荧光原位杂交方法，证明中华鳖属于 ZW 型基因型性别决定。现有的研究结果尚未完全揭示中华鳖的性别决定机制，在 TSD 类型龟鳖类中也有发现性别染色体的情况。

第二节 中华鳖日本品系的特性

一、中华鳖日本品系的培育

中华鳖日本品系由杭州萧山天福生物科技有限公司和浙江省水产引种育种中心联合培育。选育亲本于 1995 年 5 月经农业部批准进口日本福冈亲鳖种 3 吨，苗种 10 万只。1997 起开始群体选育，经 13 年 6 代连续选育，于 2008 年获得了水产新品种证书。

二、中华鳖日本品系形态特点

1. 外部形态特点 外形扁平，呈椭圆形，雌体比雄体更近圆形，裙边较宽厚。背部黄绿色，光滑，背无隆起、纵纹不明显，背中心略有凹沟，密布淡黄色点状花纹。腹部玉白色，略显黄色，腹部中心有 1 块较大的三角形花斑，四周有若干对称花斑，以幼体最为明显，随着生长腹部黑色花斑逐渐变淡。中华鳖日本品系的背面观见图 2-6。

图 2-6　中华鳖日本品系背面观

2. 可量性状比例特点 中华鳖日本品系 2 龄以上主要可量性状比例见表 2-1。

表 2-1 中华鳖日本品系的可量比例性状比例

项 目	雌性（♀）	雄性（♂）
背甲宽/背甲长	0.871±0.021	0.866±0.031
体高/背甲长	0.316±0.015	0.301±0.018
后侧裙边宽/背甲长	0.157±0.016	0.169±0.011
吻长/背甲长	0.099±0.006	0.096±0.005
吻突长/背甲长	0.041±0.003	0.040±0.004
吻突宽/背甲长	0.031±0.004	0.032±0.003
眼间距/背甲长	0.032±0.004	0.032±0.003

三、中华鳖日本品系生长特点

中华鳖日本品系稚鳖经 10 个月养殖，平均体重可超 600 克。笔者养殖生长试验记录了不同养殖天数，中华鳖日本品系体重增重情况（表 2-2）。

表 2-2 中华鳖日本品系生长体重增重

天数（天）	投放时	30	60	90	120	150	180	210	240	270	300
体重（克）	4.08±0.43	15.25±6.57	40.58±7.35	77.20±10.86	126.30±11.48	189.05±17.65	255.20±18.76	330.23±20.12	415.05±28.43	512.10±60.76	613.05±52.32

雌、雄不同性别的中华鳖日本品系的背甲长与体重关系式以式（1）和式（2）表示：

$$雌性:W = 0.018\ 3 \times L^{3.76} \cdots\cdots\cdots\cdots\cdots\cdots\cdots (1)$$

$$雄性:W = 0.377 \times L^{2.62} \cdots\cdots\cdots\cdots\cdots\cdots\cdots (2)$$

式中 W——体重（克）；

L——背甲长（厘米）。

四、中华鳖日本品系繁殖特性

1. 性成熟年龄 温室养殖的中华鳖日本品系的性成熟年龄为 2 冬龄，外塘养殖的中华鳖日本品系性成熟年龄为 3 冬龄。

2. 产卵期 5 月中旬至 9 月上旬为产卵期，6 月至 8 月中旬为产卵盛期。

3. 产卵量　每只 4 龄以上的成熟雌鳖，年可产卵在 40～100 枚，以 4～6 龄为盛产。一般每年可产卵 3～4 次，偶有 5 次，每次产 8～25 枚。

第三节　清溪乌鳖的特性

一、清溪乌鳖的培育

清溪乌鳖由清溪鳖业有限公司和浙江省水产引种育种中心联合培育。1992 年，在浙江湖州市德清县三合乡四都村采集到 4 雌、2 雄 6 只黑色中华鳖，其全身乌黑，被当地人称为"乌鳖"。1993—1994 年，又在城关、塘栖等地发现 5 只野生乌鳖。1994—1998 年经过 5 年培育和初级扩繁，种群数量达到 360 只。1998 年开始采用群体选育的方法，以形态特征为主要指标进行选育，经 10 年选育，到 2008 年选育出全黑体色遗传稳定的清溪乌鳖。该品种 2009 年获得国家水产新品种证书。

二、清溪乌鳖形态特点

清溪乌鳖体型椭圆形，背甲呈卵圆形，稍拱起，覆以柔软革制皮肤，脊椎骨清晰可见，表面具纵棱和小疣粒。背部呈灰黑色，有深黑色斑纹。背甲边缘具发达结缔组织裙边。腹部灰黑色，无斑块。头呈三角形，口大，口裂向后延伸到眼后缘，上下颌无齿，具锋利的角质喙。眼小。乌鳖幼鳖体型近似圆形，随着生长背部逐渐趋于扁平，体表颜色呈现黑灰色，有黑色斑块，腹部颜色为灰黑色有的带点状黑斑点，随着生长腹部斑点逐渐变浅。外部形态与中华鳖略有差异（表 2-3）。

表 2-3　清溪乌鳖与中华鳖形态测量数据比例对比

项　目	中华鳖标准值		清溪乌鳖实测值		判定
	♀	♂	♀	♂	
背甲宽/背甲长	0.840±0.037	0.819±0.041	0.864±0.021	0.840±0.050	无差异
体高/背甲长	0.267±0.061	0.244±0.017	0.345±0.011	0.317±0.021	有差异
后侧裙边宽/背甲长	0.084±0.013	0.091±0.011	0.168±0.033	0.164±0.013	有差异
吻长/背甲长	0.084±0.009	0.087±0.006	0.119±0.007	0.110±0.010	有差异

（续）

项 目	中华鳖标准值		清溪乌鳖实测值		判定
	♀	♂	♀	♂	
吻突长/背甲长	0.041±0.004	0.043±0.006	0.050±0.005	0.045±0.005	无差异
吻突宽/背甲长	0.036±0.005	0.035±0.010	0.038±0.003	0.038±0.004	无差异
眼间距/背甲长	0.032±0.005	0.032±0.004	0.037±0.003	0.037±0.003	无差异

三、清溪乌鳖生长特点

清溪乌鳖不同养殖天数，体重增重情况见表2-4。

表2-4 清溪乌鳖生长体重增重

天数（天）	投放时	30	60	90	120	300	450
雄性体重（克）	6.0	11.9	32.5	60.6	80.2	239.7	450
雌性体重（克）	6.0	12.2	35.7	69.2	92.4	292.3	536

雌、雄不同性别的清溪乌鳖的背甲长与体重关系式以式（3）和式（4）表示：

$$雌性：W = 0.132\,7 \times L^{3.062\,8} \quad\cdots\cdots\cdots\cdots\cdots\cdots\cdots（3）$$
$$雄性：W = 0.153\,7 \times L^{2.979\,7} \quad\cdots\cdots\cdots\cdots\cdots\cdots\cdots（4）$$

式中：W——体重（克）；

L——背甲长（厘米）。

四、清溪乌鳖繁殖特性

1. 性成熟年龄 温室养殖的中华鳖日本品系的性成熟年龄为2冬龄，外塘养殖的中华鳖日本品系性成熟年龄为3冬龄。

2. 产卵期 5月中旬至9月上旬为产卵期，6月至8月中旬为产卵盛期。

3. 产卵量 每只4龄以上的成熟雌鳖，年可产卵在25～80枚，以4～6龄为盛产。一般每年可产卵3～4次，偶有5次，每次产5～20枚。

第 三 章
中华鳖主要养殖模式

第一节　池塘仿生态养殖模式

中华鳖池塘仿生态养殖模式，是指根据中华鳖的生物学特性，运用生态学养殖原理来指导养殖生产，通过生态养殖系统内的水质调控、病害的生物防治、优质饲料使用等综合技术的集成，使商品鳖的品质基本接近野生鳖的一种养殖模式。该模式改变当年上市的快速养殖法为2～3年养成的仿生态养鳖法，生产出的中华鳖背部与野生中华鳖一样呈黄褐色与淡绿色，背部腹甲有光泽，摸起来光滑，体型胖瘦居中，裙边宽厚向上翘，行动敏捷，翻转时四肢配合，相当灵活，性情相对凶猛，四肢脚爪尖。采用该养殖模式，每亩水面可净增收入5 000元。

一、养殖模式流程

中华鳖仿生态养殖流程图见图3-1。

图3-1　中华鳖仿生态养殖流程

二、主要技术要点

（一）池塘准备

1. 池塘条件　中华鳖喜静怕惊，喜阳怕风，喜洁怕脏。场址选择要满足以下几个条件：①水源，要有充足的水量以供养殖场用水，同时水质要符合渔业水质标准，进排水方便；②土质，保水、透气性能好；③环境条件，温暖向阳，安静；④交通，交通便利，保证苗种、饲料、成品鱼等的运输条件；⑤社会环境，地方治安好。

养殖场总体布局上要兼顾亲鳖、稚鳖、幼鳖和成鳖等不同的习性要求，池塘搭配建造，易于看管和防逃防盗。养鳖池塘一般由池身、晒背台、投食台、防逃设施和排灌水设施等组成，亲鳖池还需配套建设产蛋房（图 3 - 2）。

图 3 - 2　中华鳖的养殖池塘（拍摄于杭州萧山中华鳖日本品系国家级良种场）

（1）池身　池形状不限，长方形、方形、圆形和多边形均可，但以长方形为好，东西向，坡度 30°。鳖池大小因地制宜确定，推荐各类型鳖池的规格见表 3 - 1。

表 3-1　鳖池类型和规格

类　型	鳖的规格（克）	面积（米²）	池深（米）	水深（米）	池边沿与围墙距离（米）
稚鳖池	<50	50～100	1.2～1.5	0.8～1.0	0.5～1.0
幼鳖池	50～400	500～1 500	1.5～2.0	1.0～1.5	0.5～1.0
成鳖池	>400	4 000～6 667	2.0～2.5	1.5～2.0	1.5～2.0
亲鳖池	>750	500～3 500	2.0～2.5	1.5～2.0	1.5～2.0

（2）晒背台　中华鳖有"晒背"习性，其作用概括起来有：一是提高体表温度，促进物质循环和生长；二是吸收阳光中的紫外线，将食物中的维生素 D 转化为维生素 D_3，从而促进中华鳖对饲料钙质的吸收；三是紫外线可杀灭中华鳖体表的细菌和寄生虫，具有防病护体的作用，有利于中华鳖的健康生长；四是作为一种生理现象，具有排除体内毒素的作用。因此，在中华鳖池塘改造过程中，需设置晒背台。一般晒背台选择在池塘背风向阳、环境安静的一边设置，一般使用石棉瓦或竹木搭建；石棉瓦横向斜置于池坡上，一边入水 15 厘米，便于鳖上下；竹木则制作成龟背形，平置于水中，用竹竿或木桩固定。晒背台面积按池塘内中华鳖的放养量确定，成鳖养殖池每 200 只按 1 米² 设置，幼鳖养殖池每 400 只按 1 米² 设置，稚鳖池每 1 000 只按 1 米² 设置。

（3）投食台　中华鳖具有沿池边活动的习性，为了促使中华鳖养成定点摄食习性，减少饲料浪费，同时也便于日常观察，及时发现问题做好应对措施，极有必要建设若干个食台。投食台设置方法和材料为：在塘埂斜坡面铺设 1.5 米×4 米石棉瓦 1 块，四角用细木桩固定并打入土中，尽量使铺设的石棉瓦平面与水面呈 20°～25°角，中华鳖摄食期间石棉瓦底部入水深 0.5 米。晒背台与投食台可以共用。

（4）防逃设施　中华鳖具有用四肢掘穴和攀登的特性，因此，池塘仿生态养殖过程中防逃设施的建设至关重要。池四周建有高于产卵场地面 50 厘米的防逃墙，用砖、水泥砌成，顶部出檐，向池内返边 20 厘米左右，以防中华鳖出逃。或者用石棉瓦、铝扣板等材料作围栏。围栏时，将铝合金板竖立插入堤埂土中 10 厘米，然后每隔 2～3 米用竹、木桩固定，四周圆弧形，以避免中华鳖攀爬逃逸。

（5）排灌水设施　池底设有排水口、排水管。没设进水口的，加水时用软水管，加完水后撤走。排水口处设防逃网。

（6）亲鳖池的产蛋场　鳖池边与围墙之间应留有 1.5～2.0 米宽的空地。

在产卵场南北两长边靠近围墙处，设置长 2 米、宽 50 厘米、深 10 厘米的沙盘，每个沙盘可供 25～30 只雌鳖产卵用。设置沙盘的数量，应根据鳖池面积和雌鳖数量而定（图 3-3）。

图 3-3 中华鳖养殖场

（示产蛋场，拍摄于杭州萧山跃腾省级中华鳖日本品系良种场）

2. 池塘清整与消毒 做好鳖池的清整与消毒工作，是防病养鳖进行健康管理的一个重要措施，也是减轻环境对中华鳖产生不良压力的不可忽视的环节。通过对鳖池进行清整消毒，一方面能杀灭对中华鳖生活不利的野杂鱼和水生昆虫，给鳖提供优良的栖息环境；另一方面能杀死池塘水中和底泥中的细菌、病原体和寄生虫等，防止鳖病发生。新开挖的池塘，用常规的生石灰清池消毒即可；老池应在中华鳖入池前进行清整消毒。把水抽干，挖去过多的淤泥，翻耙底泥，曝晒数日，平整池底，修补堤埂，填补裂缝漏洞，清除杂草。检查排水设施是否完好无损。常用的消毒剂有生石灰、漂白粉、溴氯海因、有机络合碘制剂和季铵盐类消毒剂等。由于我国各地以酸雨较多，养殖水体大多呈酸性，因此一般选用生石灰清塘效果较好，一是能有效地杀灭各类敌害生物；二是调节 pH 改善水质，石灰的毒性消失后，池水呈稳定的微碱性，有利于中华鳖的生长；三是 Ca^{2+} 是浮游生物和中华鳖不可缺少的元素，施生石灰能增加水中的 Ca^{2+} 含量；四是施用生石灰，可释放被淤泥吸附的磷、氮、钾等离子，改善底质的透气性。根据池塘状况、天气等情况或用干法清塘，或带水清塘。

（1）**生石灰干法清塘** 每亩用量70～80千克，淤泥较多时用量可适当增加。中华鳖放养入池前10～20天，选择晴天上午，先在池底均匀挖几个小坑（坑距以能泼遍全池为度），每坑中加入适量的生石灰，待生石灰溶化后，趁热迅速均匀泼遍全池。第二天用泥耙推一遍，使石灰与底泥充分混合，再过6～7天后加满新水。

（2）**生石灰带水清塘** 每亩（水深1米），用量150千克左右，化成浆液趁热全池均匀泼洒，清塘后10天左右，药力消失即可放养。

生石灰清塘时应注意以下几点：一是清塘时间要恰当，通常在中华鳖放养前10天左右进行，过早清塘加水则杂鱼、虫害又会复生，过迟药性还没有完全消失对中华鳖的生长发育不利；二是要选择晴天中午温度较高时，进行药物清塘，提高清塘效果；三是不能与漂白粉、有机氯、重金属盐和有机络合物混用；四是在池水氨氮含量高的时候要慎用生石灰；五是必须待药性消失后才可放养，池塘药性消失与否可进行试水试验，即在中华鳖入池前2～3天，用大木桶或塑料盆等盛满池塘水，然后放几十条鱼（鲤或鲫），经1～2天后鱼类活动正常、不死，说明毒性已消失，即可放养中华鳖。

（3）**漂白粉清塘** 漂白粉遇水释放次氯酸，有很强的杀菌作用。每立方米水体施用漂白粉20～30克，即平均水深1米的池塘，每亩用量为13.5～20.25千克。施用时先将漂白粉加水溶化，然后立即遍洒全池，泼完后再用船和竹竿在池中荡动，使药物在水体中均匀分布，以增强施药效果。使用漂白粉应注意：①泼洒漂白粉药液时，不宜使用金属容器盛装，以免容器被腐蚀和降低药效；②漂白粉的有效成分达不到30%时，应适当增加用量（失效漂白粉忌用）；③操作人员应戴好口罩、橡皮手套，施药时应站在上风处，以防中毒和衣服沾染而被腐蚀。

3. 注水培肥 消毒7～10天后，鳖池注水约50厘米，注水时用规格为28孔/厘米（相当于70目）筛绢网过滤。注水后池水过清时，每亩可施用经发酵腐熟的有机肥50～200千克。

（二）中华鳖的放养

1. 优质中华鳖的养殖种类 目前，池塘仿生态养殖用的中华鳖种类，主要有中华鳖本地种（如太湖品系、洞庭湖品系、黄河品系和淮河品系等）、国家水产新品种（如中华鳖日本品系）以及杂交品系。

（1）中华鳖本地种

①太湖品系：主要分布在太湖流域的浙江、江苏、安徽和上海一带。除了

具有中华鳖的基本特征外，主要是背上有 10 个以上的花点，腹部有块状花斑，形似戏曲脸谱。该品系肉质鲜美，抗病力强，深受消费者喜爱，售价较高。目前，浙江绍兴建有国家级原种场。

②洞庭湖品系：主要分布湖南、湖北和四川部分地区，其体形与太湖品系基本相同，但腹部无花斑，特别是在鳖苗阶段其腹部体色呈橘黄色。该品系的生长和抗病与太湖品系差不多，目前湖南长沙建有国家级原种场。

③黄河品系：主要分布在黄河流域的甘肃、宁夏、河南和山东境内，其中，以河南、宁夏和山东黄河口的鳖为最佳。由于特殊的自然环境和气候条件，使黄河品系具有体大裙宽、背部体色较清爽的微黄的特征，较受市场欢迎。生长速度与太湖品系差不多，但目前已有种群退化现象，需要加强种质资源保护。

④淮河品系：主要分布在安徽淮河流域两岸，以安徽蚌埠周边区域为代表。该品系背部黄褐色或土黄色，不规则地分布有黑褐色雪花样斑点，目前正在选育之中。

⑤黄沙鳖：我国西南广西的一个地方品系，体长圆，腹部无花斑，体色较黄，大鳖体背可见背甲肋板。其食性杂，生长快，深受当地消费者喜欢，目前在广西养殖较多。因其背可见背甲肋板，不被江浙一带养民和消费者所接受，故难以在我国中华鳖主产区进行推广。

（2）中华鳖国家水产新品种　目前，我国仅有 2 个中华鳖国家水产新品种，池塘仿生态养殖主要以中华鳖日本品系为主。该品种是由杭州萧山天福生物科技有限公司和浙江省水产引种育种中心基于中华鳖日本引进种的基础上培育而成的，其体形呈椭圆，体表光滑，体色优美，背甲扁平，裙边宽厚，后侧裙边宽与背甲长的比例达 35％左右；消化道的中肠比同体重的中华鳖长 15％、宽 9％、肠壁厚 12％左右，消化吸收功能强，饲料利用率高，生长速度快（400 克以上的养成阶段比普通中华鳖快 25％以上）；抗病力强，养殖过程中很少发病；耐存放，商品架货期 2 周以上裙边仍较坚挺；繁殖能力强于中华鳖本地种，年可产 3～4 窝、40～100 枚蛋。目前，我国已在萧山建设 2 家中华鳖日本品系国家级良种场，苗种供应充足。

（3）中华鳖杂交品系　中华鳖杂交品系是基于杂种优势的原理培育出的新品系，该品系具有双亲的优良生产性能，生长快，抗病力强。目前已有的杂交组合包括：中华鳖太湖品系与台湾品系的杂交、中华鳖日本品系与台湾品系的杂交、中华鳖日本品系与黄河品系的杂交、中华鳖日本品系与太湖品系的杂交、中华鳖日本品系与清溪乌鳖的杂交等。从浙江省水产引种育种中心对比养殖试验结果来看，中华鳖日本品系与清溪乌鳖的杂交品系稚鳖阶段生长速度，比中华鳖日本品系要快 15.89%，比清溪乌鳖要快 30.85%。

2. 中华鳖苗种的主要来源 目前，养殖户放养的鳖苗主要来自三个方面：一是自繁自育苗种，需要注意的是要防止种质退化，做好及时引种改良与亲本选种工作；二是购买鳖蛋自行孵化苗种，在挑选鳖蛋时尽量选择重量大于 3 克、白色亮区（动物极）与植物极界限分明、卵面光泽无杂斑的受精卵进行孵化；三是直接购买苗种，尽量从正规的国家级原良种场、省级原良种场、规模化繁育基地或苗种场选购，了解其亲本来源、历年的生产经营情况、有无发病现象、售后客户反馈等资料。

3. 中华鳖的质量要求 在具体选择鳖苗时，要通过看、触、称、查四方面了解其质量状况。

（1）体色 除清溪乌鳖腹部全为黑色外，其余优质苗腹部为橘红色，其越红越好；反之，呈淡红或黄色为体质不佳。但体重达 20 克以后，其腹部转呈灰白色或黑色为正常。

（2）体态 优质鳖为裙边较厚实、平直，而软薄下垂则说明营养不良；背甲及四肢腋窝处无白点或白斑，否则说明已染病；鳖体无伤残，行动活泼，反应灵敏。特别是用手轻拉其后肢，能有力缩回的则是体质好的表现。把中华鳖翻转，背朝上放在干地上，若其能头、肢配合，很快翻过身来，并能迅速逃跑，行动灵活，即为优等鳖；若其头、肢配合不好，翻转缓慢或十分吃力，逃跑时行动迟钝，则为劣等鳖。

（3）体重 刚孵出的鳖苗体重一般在 4 克以上为优质；若不满 4 克的皆因其亲本体重和年龄过小，或营养不良、体质较弱所致。

（4）质量 查亲本养殖记录和用药记录，有无发生重大病害事件，查近期的苗种质量检测报告，孔雀石绿、氯霉素、呋喃西林代谢物及呋喃唑酮代谢物无残留为优，否则为不合格（图 3 - 4）。

4. 鳖体消毒 中华鳖放养前进行体表消毒处理，是预防疾病发生的重要措施。目前常用的消毒方法有：

（1）2.5% 食盐溶液，浸泡 8～15 分钟，即可杀死体表寄生虫。

（2）1% 食盐混合小苏打（1:1）的溶液，浸泡 20～30 分钟，可预防水霉病。

（3）1% 聚维酮碘，30 毫克/升，浸浴 15 分钟。

图 3-4 中华鳖稚鳖（拍摄于浙江德清省级中华鳖良种场）

（4）土霉素，10 毫克/升，浸泡 2 分钟。

（5）高锰酸钾，15～20 毫克/升，浸泡 15～20 分钟。

（6）维生素 C，5 克原粉兑水 10 千克，放入 200 只鳖苗浸泡 10 分钟，1 盆药水浸泡 1 000 只。

5. 放养时间 稚鳖放养时间选择水温在 20℃以上的晴天进行，幼鳖分养选择在水温 15～20℃的晴天进行。

6. 放养方法 将经消毒的鳖用箱或盆运至鳖池水边，倾斜盛鳖容器口，让鳖自行游入鳖池。中华鳖放养应一次放足，规格要基本整齐一致。

7. 放养密度 要确定合理的放养密度，高密度并不等于高产量。养殖密度高，其残饵和粪便排泄量越大，对环境的污染程度越高，水质很难控制。密度高，会使中华鳖之间抓伤、咬伤的概率增加，中华鳖更容易发病。稚鳖苗种密度的控制，应根据养殖户下次翻塘时中华鳖的规格设置其初始苗种放养密度，保证养殖全过程顺利开展。若需在中华鳖 150 克/只时翻塘，苗种放养密度应在 30 只/米²左右；若中华鳖在 50～100 克/只时翻塘，苗种放养密度应在 50 只/米²左右；若暂养 2 个月左右，密度应低于 90 只/米²。幼鳖的亩放养密度一般在 1 300～2 000 只，成鳖的亩放养密度一般在 1 000～1 300 只。当稚鳖长到 100 克以上可进行分养，一是降低放养密度，二是将雌雄进行分开饲养。

（三）鱼类套养

为调节改良水质，合理利用资源，养鳖池可以套养一定数量的鱼类。一般稚鳖养殖池每亩套养鲢、鳙夏花鱼种 200 尾，幼鳖及成鳖池每亩套养体重 50～100 克的鲢、鳙鱼种 100 尾，鲢、鳙比例为 2∶1。

（四）饲料投喂

1. 饲料种类 中华鳖是以肉食性为主的杂食性动物，食性杂。在人工精养条件下，中华鳖的饲料种类主要包括：一是新鲜、无污染的鲜活饵料，如小杂鱼、螺、动物肝脏、鸡蛋、蔬菜等；二是粉状人工配合饲料，目前已有不少企业根据中华鳖不同年龄、生长阶段的营养需求和生长特点，生产出商品化的稚鳖料、幼鳖料和成鳖料等全价配合饲料；三是膨化配合饲料，目前应用刚起步，还需深入研究。

2. 投喂方法 投喂应坚持"四定"原则，即：

（1）定点 稚鳖放养初期，饲料投喂在投食台的水下部分，30 天后逐步改为投放在投食台的水上部分。

（2）定时 水温 20～25℃时，每天投喂 1 次，中午投喂；水温 25℃以上时，每天投喂 2 次，分别为 9∶00 前和 16∶00 后。

（3）定质 配合饲料质量应符合 SC/T 1047 的规定，安全卫生指标应符合 GB/T 18407.4 和 NY 5071 的规定。

（4）定量 长江流域不同规格中华鳖的饲料日投喂量见表 3-2。具体投饲量的多少应根据气候状况和鳖的摄食强度进行适当调整，每次所投喂的量应控制在 1 小时内摄食完为止。

表 3-2　长江流域池塘养鳖不同月份配合饲料日投喂率（%）

规格	饲料种类	4 月	5 月	6 月	7 月	8 月	9 月	10 月
稚鳖	稚鳖饲料	—	5.0～6.0	5.0～6.0	5.0～5.5	4.5～5.0	3.0～3.5	1.0～1.5
幼鳖	幼鳖饲料	1.0	1.0～1.5	1.5～2.0	2.5～3.0	3.0～3.5	2.0～2.5	1.0～1.5
成鳖	成鳖饲料	1.0	1.0～1.5	1.5～2.0	2.0～2.5	2.0～2.5	1.5～2.0	1.0

注：珠江流域或黄河流域不同月份配合饲料需提前或推迟 1 个月左右的时间。

（五）水质管理

1. 池塘水质的主要影响因子

（1）底泥 养殖水体生态环境的非常重要的组成部分。污染物进入水体中后，有一部分会积聚在底泥中。在一定的条件下，累积于底泥中的各种有机和无机污染物通过与上覆水体间的物理、化学、生物交换作用，重新进入到上覆水体中，成为影响池塘水质的二次污染源。因此，底泥有缓冲和生产能力，对水质影响很大。

（2）温度　温度是决定变温动物养殖过程中生长、发育、繁殖的一个首要因素，因为变温动物的代谢高低、食欲好坏、性腺发育都直接受环境温度的影响。温度的变化不仅对中华鳖和套养的其他鱼类，而且对水体中的微生物、水环境中的理化反应都有巨大影响。温差过大，是造成中华鳖发病的重要原因。

（3）光照　光照在中华鳖池塘仿生态养殖中主要有四方面作用：一是浮游植物如果没有光照就不能生存，水体初级生产力下降，水体生态环境朝着不利于水生生物生长的方向变化；二是光照可以调节中华鳖的生理代谢，如晒背可以促进血液循环、促进生长；三是光照可以对动物体表进行杀菌，起到防病、抗病作用；四是日光是廉价能源，夏天光照时间长、强度大，成为中华鳖最佳的生长时机。

（4）水体生物结构　包括浮游植物、浮游动物、底栖生物和细菌等。浮游植物利用光合作用，调节水体溶氧和二氧化碳的平衡及氨氮的吸收转化；浮游动物摄食食物残渣、粪便及部分浮游植物；细菌和底栖藻类（如褐藻类）对水体中粪便、老化浮游动植物死亡残体等的分解转化非常重要。

（5）pH　pH是影响水化学状态及水生生物生理活动的一个极为重要的水质因子，直接或间接地影响中华鳖的生理状态。在酸性水体中，中华鳖的活动能力弱，代谢下降，摄食减小，消化能力降低，生长受到抑制。同时，酸性环境中细菌和藻类的生长繁殖受到抑制，难以为中华鳖的生长提供适宜的环境。有研究报道，低pH能导致中华鳖血清溶菌活力和杀菌能力下降，补体C3、C4含量下降，皮质醇含量升高。在强碱性水体，中华鳖的皮肤黏膜容易受损。因此，中华鳖养殖水体保持适度中性或弱碱性是十分重要的，适宜的pH为7.0～8.0。

（6）溶解氧　中华鳖作为水生爬行动物，主要靠肺呼吸，在潜水时能依靠口腔和皮肤进行呼吸，因此，对溶解氧的要求可能比其他水生动物低。一般要求水体保持溶氧在5毫克/升以上。较低的溶氧会导致水体中有毒物质如氨氮、亚硝酸盐等增加，水质恶化，影响中华鳖的生长。

（7）水体中的氮　氨氮和亚硝酸盐是水体中氮的两种主要存在形式，是评价水质的重要指标。中华鳖养殖水体中氮的来源，主要是中华鳖的排泄物、残饵和浮游生物残肢等。高浓度的亚硝酸盐，会使中华鳖上浮，反应迟钝，四肢软弱无力，头颈腹部有零星小血点，眼珠突出，腹部后边缘发紫；解剖发现血液暗红色，胃异常膨大，内有食。因此，需要通过增氧等措施，降低水体中氨氮和亚硝酸盐的浓度。

2. 管理措施

（1）通过生石灰、换水等调节水 pH 在 7～8。保持水色为油绿色或黄褐色，当水体透明度过小时，通过加换水（与原池水温不能瞬间相差±2℃）调节透明度在 30 厘米左右；当水体 pH 偏低时，用浓度为 25 毫克/升的生石灰浆泼洒调节 pH 至 7～8。

（2）积极使用增氧机，保证养殖水体溶氧充足。

（3）定期使用微生物制剂（如光合细菌、EM 菌、枯草芽孢杆菌等），抑制有害菌的繁殖，降低池塘中的氨氮、亚硝酸盐等有毒有害物质含量，保持池塘水质与底质的良好、稳定。

（4）高温季节在水面圈养水生蔬菜或浮萍等，帮助水体降温和改善水质。

（5）根据水体有机物含量、浮游动物量、水质老化情况等及时换水。

3. 常用的微生态制剂及注意事项 微生态制剂也称有益菌制剂，其作用机理可概括为以下几点：一是抑制有害微生物的生长和繁殖；二是参与生物降解，消除有机污染物，净化水体环境，有益菌在生物代谢过程中具有氧化、氨化、硝化、固氮等作用，即将动物的排泄物、残存饵料、浮游生物残体、化学药物等迅速分解，或将硫化氢、亚硝酸盐、氨氮等有毒有害物质转化为无毒无害的硫酸盐、硝酸盐等，从而达到净化水体的目的；三是刺激机体免疫系统，提高机体免疫力，有益菌或其代谢产物是良好的免疫激活剂，能有效提高干扰素和巨噬细胞的活性，通过产生非特异性免疫调节因子等激发机体免疫，增强机体免疫力和抗病力。四是补充机体营养成分，促进生长。有益菌能产生中华鳖生长过程中所必需的营养物质，如 B 族维生素、氨基酸、消化酶等，可以补充饲料某些营养物质的不足，并提高饲料的消化率和转化率，促进中华鳖生长。常用的主要有光合细菌、益生素、复合枯草芽孢杆菌、双歧杆菌、酵母菌和乳酸菌制剂等单一或复合菌制剂。

（1）光合细菌 一种以光作能源、以二氧化碳或小分子有机物作碳源、以硫化氢等作供氢体，完全自养型或光能异养型的一类微生物的总称。其使用方法为全池泼洒、底播或喷拌在配合饲料上。使用时间最好是 6 月中旬以前、最晚不得晚于 7 月底。使用时要现用现稀释，一定要把好菌液质量关，看其优势菌种和菌液浓度是否符合要求，细菌只有处于指数生长期，才能保证有足量的活菌数，提高使用效果。光合细菌对抗生素比较敏感，所以在使用光合细菌期间，一定要禁止使用抗生素。外用全池泼洒浓度为 1～3 克/米^3，内服为饲料量的 2%。

（2）芽孢杆菌 革兰氏阳性菌，具有芽孢，对干燥、高温、高压、氧化等不良环境的抵抗力很强，具有蛋白酶、脂肪酶、淀粉酶的高活性，可以分解养殖水体中的有机污染物，生成硝酸氮等无机盐，既降低水体的富营养化程度，又为水体中的藻类提供营养，对水体中的氮系、碳系污染物以及水溶性有机物也有很强的分解能力。目前，应用的以枯草芽孢杆菌、蜡样芽孢杆菌及巨大芽孢杆菌为主。蔺凌云等（2012）分别施用 1 毫克/升枯草芽孢杆菌、1 毫克/升植物乳杆菌，枯草芽孢杆菌（0.5 毫克/升）和植物乳杆菌（0.5 毫克/升）的混合剂，结果表明，施用这些有益微生物对中华鳖养殖水体的溶解氧及 pH 没有明显影响；混合剂对养殖水体的氨氮及亚硝酸盐的去除效果最为明显，氨氮及亚硝酸盐含量分别降低 42.37％和 45.56％。其次为枯草芽孢杆菌和植物乳杆菌，可使水体中的氨氮及亚硝酸盐含量分别降低 34.60％、31.63％和 14.54％、15.59％。

（3）硝化细菌 一种好氧细菌，属于绝对自营性微生物，包括 2 个完全不同的代谢群：一个是亚硝酸菌属，在水中将氨氧化成亚硝酸，通常被称为"氨的氧化者"，其所维持生命的食物来源是氨；另一个是硝酸菌属，将亚硝酸分子氧化成硝酸分子，硝化细菌 pH 为中性、弱碱性，含氧量高的情况下发挥效果更佳。

（4）净水活菌 由多种化能异养菌组成，具有改善水质等多种功能的活菌产品，兼有氧化、氨化、硝化、反硝化、解磷、硫化及固氮等作用，不仅能净化水质，还能为单胞藻类的繁殖提供大量营养。

根据微生态制剂的特性，在水体中泼洒时需要注意以下几点：

①投入水中的有益菌经过一段时间后会自然消亡，因此，应在养殖过程中定期、连续泼洒、补充有益菌，使其在水中始终形成优势群落。

②应减少不必要的换水，若频繁换水，会使有益菌随着换水而损失。

③水体中泼洒抗生素或消毒剂，会将水体中的有害致病菌和有益菌通通杀死，要避免有益菌和这些药物同时使用，要求间隔至少在 2 天以上；另要求在药物泼洒 1 周后，泼洒 1 次降硝解毒宝，及时培植有益菌群。

④有益菌不能替代药物，发生病害时仍需依靠药物治疗，两者配合、合理使用，方能相得益彰。

⑤剂量要够，只有用到一定的剂量，短时间内形成优势种群，才能发挥有益菌的最大效用。

（六）日常管理

养殖过程中要做好日常管理，坚持"四看、三闻、两记录"。

1. 四看 即：看设施（防上岸、防逃、防盗等）是否完好；看天气好坏，天气不好时及时作调水、防病工作；看水质、水色，要肥、爽和稳定；看中华鳖摄食、排便、游水、体表颜色等是否正常，勤巡塘，早发现、早处理。

2. 三闻 即：水是否有腐败臭味；饲料气味是否为淡鱼腥香味；饲料用油是否有异味，以淡纯正鱼腥味为好。

3. 两记录 即：记录日常情况，包括温度（水、气）、当日摄食量、病损等；记录特殊处理情况，主要包括用药、病情变化等。便于总结经验，优化养殖模式。

（七）越冬管理

中华鳖有冬眠的习性，仿生态养殖一般需要经过 2 个以上的越冬期，因此，加强中华鳖室外越冬管理尤为重要。

1. 越冬前后中华鳖的生理变化

（1）呼吸方式的变化 中华鳖潜伏于池底泥沙中冬眠，呼吸方式由肺呼吸为主转入靠鳃状组织和其他呼吸方式吸收水中溶解氧，维持极其微弱的新陈代谢活动，这时如有环境方面的突变或惊扰使中华鳖冬眠又复苏、复苏又冬眠，几经反复，因体能消耗太大，会影响其越冬安全，造成损失。

（2）摄食及生理活动变化 水温降低至 15℃，中华鳖停食进入冬眠，由于不能正常摄食，只能继续靠消耗体内储存的营养物质来维持生命。而池底氧债和环境毒素积累越来越多，各种病原开始活跃起来，苏醒后的中华鳖因经历 5 个月以上的越冬消耗，体质较弱，容易受病原菌的入侵而造成损失。

（3）体重的变化 冬眠后中华鳖体重减少 10%～15%，但卵巢发育明显。

2. 越冬期的管理措施 越冬期做好以下管理工作：

（1）越冬前在饲料中适当增加蛋白质和脂肪的含量，提高中华鳖体的能量贮存。

（2）越冬前彻底换水 1 次，换水后全池泼洒生石灰 20～30 毫克/升。越冬期每月添换水 1 次，每次 20 厘米左右。

（3）越冬期尽量加满池水，以利保温。在强冷空气来临时，要做好防寒防冻工作。保持水面干净清新，不要有水生植物、杂草等杂物残留，防止其腐烂，污染水质，造成缺氧，同时保证池水有充足的阳光照射，增加水中溶氧。若池面结冰，应在冰面均匀打孔增氧，一般每亩打 2～3 个直径为 5 米左右的冰孔。

（4）越冬期绝对禁止骚扰、捕捉和运输等人为活动，以免惊扰冬眠中的中华鳖，造成中华鳖冬眠期活动而消耗体力，甚至引起死亡。

（八）疾病防治

中华鳖发病原因，多是由于苗种种质退化、气候、水质、放养密度、投喂不当、滥用药物、机械损伤、传染病和饲料质量等引起的，发病特点为潜伏期长、病程长、继发性感染普遍、并发症多、出血与器质性病变较多、发病流行时间集中。由于中华鳖大部分时间都生活在水中，平时只能在其摄食或晒背的时候观察其健康状况，观察到的行动迟缓、浮于水面、具有明显症状的中华鳖基本已经病入膏肓，治疗价值不大；而且病鳖大多食欲大减，难以通过常规的口服治疗使药物在其体内达到有效浓度，所以常规用药很难达到预期效果。因此，对于中华鳖的疾病必须坚持防重于治，做好预防工作是重点。

1. 主要预防措施

（1）做好水体、食台、工具等的消毒。平时每隔 20 天左右消毒 1 次，消毒药物有生石灰、二氧化氯、三氯异氰尿酸钠等安全环保药物，交替消毒。食台和工具的消毒常用药物为二氧化氯、聚维酮碘，药与水比例可按 1：50 搅匀，使用喷雾器均匀喷洒在食台和工具上即可。

（2）保持水体中溶氧充足，水质清新。

（3）定期向养殖水体中泼洒有益微生物制剂；定期在饲料中交替添加产酶益生素、中华鳖多维、鱼虾补乐（抗应激反应）、免疫多糖、中草药等增强免疫抗病能力、保肝护肝、抗应激的物质。

（4）发现病鳖及时隔离，并查明病因，及时采用药物对症治疗。药物治疗处理方法按 NY 5071 的规定。

2. 几种常见病害的防治　目前，外塘中华鳖养殖主要疾病有腮腺炎、白底板、红脖子、水霉、腐皮、疖疮、穿孔、白斑和白点等疾病，其中，危害最大的是腮腺炎和白底板病。这两种病都由病毒为主引起的，其潜伏期长，一旦感染后急性暴发，将造成大面积发病死亡。流行时间主要在 5～9 月，危害对象主要是幼鳖和成鳖。其次是细菌感染引起的腐皮病、穿孔病等。

（1）腮腺炎　主要症状为鳖颈部肿大，全身浮肿，眼呈混浊而失明，但体表光滑。患病初期，腹甲呈红斑，后随病情加重，导致口鼻出血点消失，变成灰白贫血症状。腮腺有纤毛状突起，严重出血、糜烂。病鳖因水肿而导致行动迟缓，在食台、晒台或陆地伸颈死亡。主要控制措施：①采用二氧化氯、季铵盐碘制剂或三氯异腈尿酸等，对鳖池进行水体消毒；②投喂新鲜优质饵料，并在饲料中及时添加鱼虾补乐、福乐兴、病毒星等中草药物和克林霉素、磷霉素等抗菌消炎等药物，疗程5～7天，若病情严重，再喂一个疗程；③病情稳定后，饲料内再添加产酶益生素或宝渔安——诱食型等微生物制剂及免疫增强剂（如鱼虾补乐、甘草多糖、中华鳖多维和葡聚糖等），时间10～15天或更长，以增强鳖的抵抗力；④水体消毒后3～4天，及时加注新水和泼洒宝渔安、活水宝（芽孢杆菌）、EM菌等有益微生物制剂培养和调节水质，保持水体内藻相和有益微生物种群数量的稳定平衡。

（2）白底板病（出血性肠道坏死症）　外表看鳖体完好无损，底板苍白，呈极度贫血状态，大部分身体呈水肿状。经解剖发现，肝脏呈土黄色和青灰色；胆囊肿大，有的肾和脾变黑和缩小；肌肉苍白无血。综合防治措施：①注意检疫，选择优质的种苗；②水体进行定期消毒；③投喂优质饲料，严格控制投饲量；④平时注重预防，发病后及时在饲料及时添加病毒星和、鱼虾补乐、维生素B（饲料量的0.2%）或板蓝根、苦参、穿心莲、虎杖或板蓝根、三黄粉合剂（饲料量的1%），具有一定的控制作用。

（3）腐皮病　发病时首先体表某处皮肤发炎肿胀，发炎处组织逐渐坏死，变成白色或黄色，接着患部形成溃疡，并逐渐增大时，肌肉与骨骼裸露。严重时，颈部的骨骼露出，四肢烂掉，爪脱落。防治方法为：①合理的放养密度；②定期水体消毒；③发病时用二氧化氯消毒，同时在饲料中投放蒽诺沙星或氟苯尼考加鱼虾补乐；④用纯中药复方制剂"鳖病宁"（三花散）用水煎煮后全池泼洒和拌饲投喂，可在短时间内恢复摄食量，并能有效地控制疾病的流行。

（4）穿孔病　发病初期，鳖的背、腹甲及裙边出现白色疮痂，直径0.2～1.0厘米不等，其周围出血，疮痂挑开后，可见甲壳穿孔，穿孔处流血不止。未挑开的疮痂不久便自行脱落，在原疮痂处留下1个小洞，洞口边缘发炎，轻压有血液留出，严重者可见内腔壁。防治方法同"腐皮病"。

（九）捕捞与销售

1. 捕捉方法　根据市场需求，灵活掌握捕捉方法。少量上市时可用地笼捕捉，把规格符合需要的中华鳖取出，其余的中华鳖及时放回池中继续饲养。清底捕捞时把水放干后，翻挖捉鳖，来回几次可全部捕捞上市。一般在气温15℃以下中华鳖已停止进食时进行。

2. 暂养贮存　由于中华鳖的捕捞较集中，如一次不能销完，需进行暂养待售。活鳖可在洁净、无毒、无异味的水泥池、水族箱等水体中充氧暂养。贮运过程中应轻放轻运，避免挤压与碰撞，并不得脱水。

3. 包装运输 采用小布袋、竹筐、木桶和塑料箱等。包装容器应坚固、洁净、无毒和无异味。运输宜用冷藏运输车或其他有降温装置的运输设备。运输工具在装运活鳖前应清洗、消毒，严防运输污染。运输途中，应有专人管理，随时检查运输包装情况，观察和水草（垫充物）的湿润程度。一般每隔数小时应淋水 1 次，以保持中华鳖皮肤湿润。

三、效益情况

由于池塘仿生态养殖选择优质的水源、优良的空气质量、优美的自然环境，降低养殖密度，严格控制抗生素的使用，着力培育高品质的中华鳖，从而赢得了消费者的青睐，市场售价高。使用生态防病和微生态制剂改水，减少对环境的污染，生态和经济效益显著。以杭州余杭本牌中华鳖协会为例，拥有养殖户 100 余家，创建本牌品牌，年养殖面积达 1.1 万亩，亩放养 1 000 只左右，年放苗量约 3 100 万只，养殖 2～3 年上市，全程不用抗生素，年总产量达 5 100 吨，销售额超 3 亿元，利润 3 200 万元以上。同时，协会还不断拓展多元化的销售渠道，进一步扩大本牌中华鳖的知名度和市场占有率。

第二节 新型温室养鳖模式

温室养鳖模式，是我国中华鳖的主要养殖方式之一。传统暗温室虽具有保温好、抗外界干扰少等优点，但因其造价高，整个生长周期不采光，高温高密度下养殖病害较为严重，使鳖体内药物残毒质量安全风险大增，采用烧煤加热方式带来的废水废气污染大，因此，急需转型升级改造。近年来，中华鳖主产区浙江省陆续加强传统暗温室的改造，采用透光大棚和地源热泵加温、或太阳能加温方式、或生物质锅炉加温方式进行控温开展中华鳖的养殖，取得了良好的效果。

一、温室养鳖模式的优缺点

杭州是国内中华鳖人工温室养殖最早的地区，始于 1984 年，至今已有 30 年的历史。温室养鳖模式改变了中华鳖冬眠的生长习性，采用温室加温、喂养高蛋白质中华鳖配合饲料，将原本需要养殖 2～3 年时间缩短到 8～12 个月，就可达到商品规格上市。应该说，温室养鳖模式是中华鳖养殖历史上的一次飞跃。总结近 30 年的发展，温室养鳖模式有其自身的优缺点：

1. 优点

（1）生长周期快　中华鳖温室养殖同野外天然生长的中华鳖要减少 2～3 年时间，与人工外塘养殖中华鳖相比要减少 1 年以上时间，在一定时期内很好地解决了老百姓吃中华鳖难、吃中华鳖贵的实际问题。

（2）产量高、效益好　中华鳖温室养殖每平方米产量高的可达 20 千克，一般也有 10 千克。1 亩温室养殖中华鳖的产量，能与 8～10 亩池塘的产量相比。

（3）节约土地资源，解决农民就业，丰富城乡市场起到很好的作用　根据不完全统计，目前浙江省有近 2 万多户从事中华鳖养殖。

（4）质量全程可控　新型温室里环境、水质可控可防，中华鳖病害少，产品质量符合无公害水产品要求，产品已出口日本、韩国等。

2. 不足之处

（1）养殖环境污染亟待解决　由于温室中华鳖全年均以封闭式高密度养殖，一年中残存饲料及中华鳖本身新陈代谢的产物积累等全滞留在养殖水体内，中华鳖出售之时将养殖池内全部污染物随水体排出，对周边环境造成一定的污染。目前，已引起各级党委和政府的高度重视，许多地方采取拆除、禁养、限养的政策，来制约温室养殖中华鳖的发展。

（2）品质稍差　由于中华鳖温室养殖时间短，生长快，色泽较乌黑，因此其品质相对差些。

二、温室养鳖的功能定位

当前，新型温室养鳖的功能定位主要包括两个：一是为外塘养殖和稻田养殖提供鳖种。由于中华鳖亲本的繁殖期较长，在人工繁殖过程中，当年稚鳖的孵出时间不一，个体差异很大。特别是我国北方地区，一般稚鳖孵出后不久，往往气温就逐渐下降，适宜的生长期短，有的个体规格还不到 10 克就开始进入冬眠期，导致稚、幼鳖的成活率低。因此，通过温室的培育，中华鳖的生长和抗病能力得到强化培育，成活率得到提高，为池塘仿生态养鳖、鱼虾鳖混养或稻田养鳖提供了鳖种。二是直接养成商品鳖。目前中华鳖的消费层次不同，温室养成的中华鳖市场价格低于外塘生态中华鳖的价格，不特别追求口味的消费者和加工厂一般选价格低的商品鳖，所以，温室中华鳖能满足大众消费和加工厂的需求，市场需求大。

三、新型温室的设计原理及实践

（一）设计原理

1. 基于中华鳖的最宜生长温度进行设计　中华鳖生长的最适水温是27～33℃，而且对环境温度的变化极为敏感，水温突变±5℃就可能使其出现生理紊乱，甚至引起死亡。因此，中华鳖温室养殖中一般将养殖水体温度控制在（30±2）℃，要求温室有良好的保温措施。

2. 基于中华鳖喜静喜阳晒背的生活习性进行设计　中华鳖喜欢栖息在安静、清洁、阳光充足、池边的浅水域中，当天气晴朗时，它便爬到岸滩、水泥台、板、岩石上寻找阳光充足的地方晒太阳，即使在炎热的夏季也会大胆地爬到发烫的岩石、水泥板上晒背，若无人、动物的干扰，可连晒几个小时。阳光对中华鳖的生长有以下作用：①可提高体温，加快血液循环，促进食物的消化和吸收，增强抗病力和提高免疫力；②阳光中的紫外线，可促使中华鳖表皮中的7-脱氢胆固醇转化为维生素D_3，从而促进机体对钙、磷的吸收，有利于骨骼的生长和发育；③促进神经和生殖系统的发育，延长产卵期，增加产卵量；④借助阳光中的紫外线来杀死附着于体表的寄生虫和其他病原体，以减少对中华鳖的侵害；⑤使背、腹甲皮质增厚变硬，增加对外部侵袭的抵抗力。因此，中华鳖温室一般要求建造在安静的地方，有良好的采光性能。

3. 基于生态文明建设的需要进行设计　随着生态文明建设的推进，清新的空气、清洁的水源、舒适的环境和安全的食品，已成为人民群众追求幸福美好生活的新期待、新要求，倒逼产业转型升级。传统温室养殖中华鳖造成的污染主要是两个：一是长期燃烧煤等产生大量废气，造成空气污染和煤渣固体环境污染物；二是中华鳖饲料残饵、排泄物等高浓度的有机质，造成水质污染。因此，要求中华鳖的温室要采用新型能源，要有废水处理装置。

（二）实践

新型温室建设，应考虑中华鳖的生理生态需求、温室的保温采光性能、操作管理的便捷以及基建成本等因素，与传统温室建造不同之处在于顶盖的采光改造、新型加温系统以及污水处理装置。

1. 顶盖的采光改造 因早期的封闭式温室顶棚,大多为人字顶水泥预制板兼水泥抹面的坡面,或采用黑色帆布盖顶,现改为塑料膜顶棚。新型温室呈东西走向,各排温室南北相连,东西2排温室之间设塑料膜蓬顶雨道,各温室分别于开口雨道一侧。温室全部采用沙灰砌砖,水泥粉面。用镀锌管作棚顶骨架,骨架成屋脊形,最高点2.5~3米。保温采光面积比例为4:6。阴面用塑料膜包被5厘米厚的苯板作保温材料,阳面用双层无滴塑料薄膜作采光保温材料。温室内地面以上建2排养殖池,中间为过道(图3-5)。

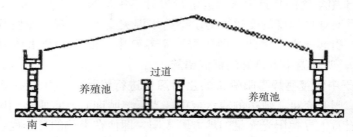

图3-5 新型温室结构

设计优点:①各温室南北相连,减小了温室南北墙体的散热面积,增强了其保温性能,并且使建筑材料也节省了近1/2;②采用苯板作保温材料,成本低,质地松软,重量轻,安装方便,保温性能好,对温室骨架的压力小;③养殖池建于地面以上,可有效地减少养殖水体热量向土壤的热传导,增强了养殖水体的保温性能,同时,地面以上建养殖池也有利于排污。过道设于2排养殖池之间,便于日常的管理操作。

2. 加温系统的安装 加温系统可以是太阳能、生物质能或者地热加热系统。使用新能源加温加热技术与传统燃煤加温加热系统比较,养殖环境大大改善,病害明显减少,生长速度大幅增加,可增产3%~5%,综合经济效益提高8%~10%。该技术应用最显著的是社会和环境效益,按养殖1万只鳖计算,可年节约标煤12~15吨,减排有害气体43~50吨。

(1) 太阳能与生物质能互补加温养殖系统 太阳能与生物质能加温系统,可分为三种模式:

①太阳能集热阵与热水型生物质秸秆炉结合模式:器材包括太阳能集热阵、集热水箱、冷热水交换器、控制系统、连接管道与输送水泵;生物质秸秆热水炉、循环水箱、散热器、控制系统、连接管道与输送水泵。太阳能集热阵安装在温室大棚向阳面棚顶,热水型炉可在温棚外集中一处安装。以工厂化养

殖量 10 万只规模为例，一般配置如下：太阳能集热阵 300 米²，集热水箱 10 吨，冷热水交换器 1 台，10 万大卡热水型秸秆炉 2 台（1 台主炉用于温室加热，1 台备用炉用于最冷季节部分时间段参与加热或冬季雨雪天替代太阳能工作）。此模式适用于中大型场。

②太阳能集热阵与内置式生物质秸秆炉模式：器材包括太阳能集热阵、集热水箱、冷热水交换器、控制系统、连接管道与输送水泵；热水型生物秸秆炉内置生物秸秆炉、不锈钢烟管和控制系统。太阳能集热阵安装在温室大棚向阳面棚顶，内置型炉根据温棚面积安装在温棚内一端或两端。以工厂化养殖量 10 万只规模为例，一般配置如下：太阳能集热阵 300 米²，集热水箱 10 吨，冷热水交换器 1 台，10 万大卡热水型秸秆炉 1 台，3 万大卡内置秸秆炉 6 台。10 万大卡热水型炉用于太阳能无法工作时段替代，适用中、大型场。

③生物质热水炉与生物质内置炉模式：器材包括热水型生物质秸秆炉、循环水箱、冷热水交换器、控制系统、连接管道与输送水泵；内置型生物秸秆炉、不锈钢烟管和控制系统。安装同模式②。以工厂化养殖量 10 万只规模为例，一般配置如下：10 万大卡热水型秸秆炉 1 台，3 万大卡内置秸秆炉 6 台，冷热水交换器 1 台。10 万大卡热水型炉用于加热养殖用水。

太阳能集热阵无需人员操作，只需调整好冷热水交换器、出水温度即可，可进入全自动运行。热水型秸秆炉需调整好出水温度和温室恒温温度即可进入全自动运行，运行中秸秆颗粒料 12 小时添加 1 次或视料斗存料多少非定时添加，24 小时倒灰 1 次。内置秸秆炉只需调整好温室控温数据即可进入自动运行，秸秆颗粒料 12 小时添加 1 次或视料斗存量非定时添加，每 24 小时倒灰 1 次。在使用过程中需要注意以下几点：一是太阳能集热阵夏季闲置期，需预防管内循环水沸腾造成集热管破裂，集热阵共振损坏整体结构，需采取在集热阵上盖遮阳网、放空集热阵内循环水、降低集热阵管内水温等措施；二是注意太阳能集热阵管子表面灰尘情况，必要时需进行冲洗，以增加透光吸热性；三是太阳能集热阵排气管（阀）应比正常设计数量多装；四是秸秆炉炉膛应定时清灰（结垢），以提高热能比。运行时，应注意料斗进料情况，若发现经常出现料斗进料停止现象，应更换秸秆炉颗粒供货商，购入秸秆颗粒料时应检查颗粒形状、直径、纯度和长度等指标。秸秆炉运行中若出现进料停止、进料电机停转、送风机停转或温度控制不达标等情况应及时报修或调整，在夏季闲置期应按热水锅炉停用保养规程保养；五是内置炉应定期检查烟管密封性能和腐蚀情况，视腐蚀情况及时更换。

（2）地源热泵加温系统　地源热泵系统是一种利用地下浅层地热资源，既能供热又能制冷的高效节能环保型空调系统。通过自然可再生水资源的循环利用，实现热量由低温热源向高温热源的转移。将它运用于温室集约化鳖种养殖生产，具有清洁、低碳、降本、节能、减排和高效的特点，集约化鳖种养殖大棚的地源热泵加温技术，生态、社会、经济效益明显。地源热泵系统主要由室外地下闭合系统、冷媒闭合系统和环境气流封闭系统组成三部分组成。系统提取地下水，通过冷媒蒸发，将水路循环中的热量吸收至冷媒中，同时，再通过冷媒/空气热交换器内冷媒的冷凝，将冷媒所携带的热量吸收。通过设定温室所需的加温温度自动控机组开机时间，将热风通过风管均匀送到温室，使在地下水的热量不断转移至温室中，从而达到设定温度，循环使用过的水通过回水井返回地下（表3-3）。

表3-3　地源热泵与煤饼炉、锅炉系统对比

序号	地源热泵	煤饼炉	锅炉
1	不需要复杂设计，安装简易经济，管道无需保温	不需要复杂设计，安装简易经济	需要有资质的专业人员设计、安装，并向当地技术监督局备案
2	无需专业人员管理，按开机键后机组按设定温度范围自行运行	需要专人添加煤饼	压力容器，需要有锅炉操作证的人员上岗操作
3	按设定温度上载、下载，温度恒定	温度波动范围大	温度波动范围大
4	按规范配置漏电保护开关，并有良好接地，使用安全。无需燃烧，不产生有毒气体，也不会爆炸	生成一氧化碳，易中毒；生成的一氧化硫、硫化氢对大棚钢架产生严重腐蚀。温度过高易引发火灾	高温蒸汽易烫伤。压力容器存在爆炸隐患
5	不占用有效使用空间	不占用有效使用空间	要建造锅炉房

温室温度设计空气31~33℃，单位热负荷为50瓦/米²，供水量达到每台每小时2吨的要求，一般1个面积600米²温室，需要配备额定制热功率5匹的地源热泵机组2台（分别安装在温室的两头，散热风扇管道设置至温室中部），或额定制热功率3匹的地源热泵机组3台（两头各1台，中间加装1台）。主机安装在大棚内，每台机组配置1台水泵、1口小水井，水泵由机组控制。

3. 增氧装置 增氧装置的设置，主要是考虑防止养殖池水质过快污染而导致经常性的换水，影响中华鳖的生长。增氧可有效地提供水体分解有机质所需的溶解氧，还可曝出水体中有害气体，如氨氮、硫酸氢和二氧化碳等，从而减少对中华鳖的毒性作用。如果增氧过小，水体溶解氧不足，水体混浊，氨氮偏高，养殖的中华鳖容易出现烂脖子及烂爪等症状。长期增氧过小，导致中华鳖食欲减弱，肝功能受损，容易暴发氨氮中毒。如果增氧过大，特别是在中华鳖养殖初期增氧过大，容易引起水体过瘦，从而出现中华鳖养殖初期亚硝酸含量偏高的情况。养殖面积 600 米^2 左右、中华鳖养殖密度为 25～30 只/米^2 时，可使用功率为 1.1 千瓦·时的增氧机来进行增氧。增氧方式为砂头曝气与池底水管微孔曝气两种。砂头分为细砂头及粗砂头两种，细砂头可提供更有效的溶解氧；粗砂头可提供更为有利的曝气方式，特别是养殖后期不易被杂物堵塞孔隙。砂头一般放置在离池底 2～3 厘米处，砂头与投饵台的距离一般为 50 厘米左右，按照每 3 米^2 1 个砂头均匀分布于池塘中。

4. 污水处理装置 处理流程：养殖污水→收集→沉淀池→生化池→生态处理池→外排或消毒循环使用，流程见图 3-6。

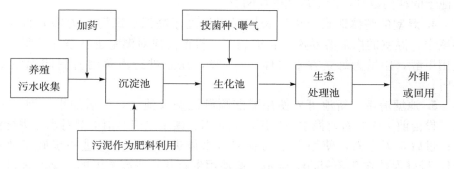

图 3-6 中华鳖温室养殖污水处理流程图

（1）**污水收集** 从养殖池到收集池，可选用暗管、明管、明渠或生态渠等多种形式。养殖池至收集池管道降比应在 0.1‰ 以上。

（2）**沉淀池** 深度 1 米左右、宽 1～1.2 米、长 40～50 米，沉淀池底部开有污泥出口，通过管道与污泥池相连。沉淀池的溢流口采用齿形溢流口。自动加药系统安装于沉淀池进水口，加药系统包括搅拌器、加药桶和计量泵。选用聚合氯化铝，混合浓度视悬浮物浓度，控制在 5～7 毫克/升。

（3）**生化池** 水容积至少要能满足污水能在此停留 12 小时以上。池中需曝气,添加硝化和反硝化等微生物。

(4)生态处理池 配置植物选择条件:对污水净化效果好;组合协同效果佳;来源广,易种植、易管理;耐污染;有一定的经济效益,有利用价值。池塘型的湿地,可以放养一定量的滤食性经济鱼类和虾类。

四、主要养殖技术要点

(一)放养前准备

中华鳖投苗前,应对温室设备进行整理,将残损或缺少的设备进行修复或更新,做好整体消毒。

1. 温室保温设施的检修 如温室保温棚的保温能力检测、是否有破损或残破等。

2. 室增氧设施的检修 如增氧机的工作是否正常、增氧管道是否顺畅、曝气砂头是否需要清洗或更换等。

3. 温室食台、进排水系统是否完整 应按照投苗数量及池塘面积,设置好池子的挂网数量,设定最佳的挂网量。

4. 温室的整体消毒 由于长期封闭且处于高温、高湿又无阳光直射的环境中,温室的内部容易滋生各类病菌,投苗前应对温室进行整体消毒。可使用甲醛,用量为每立方米水体4～5克,注意进行熏蒸时宜封闭温室20小时。

5. 池塘消毒 新池可先使用醋酸喷洒池壁及池底,然后加水浸泡3～6天。投苗前7天左右,换水并使用溴氯海因、聚维酮碘等消毒剂对水体进行消毒;过后5天左右,使用微生物制剂对水体进行接种,并进一步确定池塘pH,最好保持在7.2～8.0。老池一般使用生石灰水或高浓度的高锰酸钾进行消毒,方法同第一节,冲洗干净后注水即可。注水时注意控制好水位,一般投苗期水位控制在35厘米,食台离水面3～5厘米。投苗前7天,可使用微生物制剂进行调水,一般首次使用剂量为每立方米水体12～18克。

(二)种苗放养

1. 稚鳖选择 稚鳖一般为自繁自育。自繁的稚鳖出壳后,经短暂培育即进入温室,能很快完成适应期,进入正常生长状态。应选择健康、无伤无病、种质优良的品种,其规格整齐,要求每只体重在3.5克以上,且活力强、反应快。不要购进未经海关检疫的境外鳖苗。

2. 鳖体消毒　稚鳖入池前，采取必要的药浴措施，能起到预防治疗的作用。一般情况下，可使用 1.5%～2.0% 的食盐水浸泡 8 分钟；然后，使用 30 克/米³ 的土霉素药水药浴 0.5～2 小时，可预防真菌类及细菌类病菌感染。注意禁用高锰酸钾溶液消毒，高锰酸钾杀伤性能强，浓度稍高，易烧伤鳖体。

3. 合理密度　合理的放养密度十分重要，密度不宜过大，否则就会互相残杀，影响成活率。放养时按照大、中、小不同的规格分开放养，同一池要求规格均匀，一次放足。记录放养日期、具体品种、数量、总重量等信息，为后期的养殖提供基本参数。一般体重为 3.5～15 克稚鳖的放养密度为 20～40 只/米²，以 25 只为居多。

（三）投饲管理

掌握科学合理的投喂量，是中华鳖养殖成功的决定性因素之一。投喂量不足，会减缓中华鳖的生长速度；但过多的投喂量，不仅没能提高中华鳖的生长速度，反而浪费了饲料，污染了养殖水体，甚至造成中华鳖病害的发生。

1. 影响中华鳖摄食的主要因子

（1）水温　温室水温的高低，直接影响中华鳖的摄食与生长。一般情况下，水温为 30～31℃ 时，中华鳖大量分泌消化酶且活力旺盛，摄食强，生长快；水温高于 33℃ 时，维持中华鳖生命活动的许多生物酶变性、失活，且水体有害细菌大量滋生，中华鳖容易发病，甚至死亡；在水温低于 25℃ 时，中华鳖基本停止摄食。从养殖实践来看，温室养殖中华鳖不同品系的最佳生长温度略有差异（表 3-4）。

表 3-4　中华鳖不同品系的最佳生长温度差异

品　　系	中华鳖本地品系	台湾品系	日本品系	泰国品系	杂交品系
最佳生长温度（℃）	30～31	31～32	31	32	31

（2）pH　温室水体 pH 稳定在微碱性范围，对中华鳖的健康生长和正常摄食意义重大。温室养殖中华鳖水体在养殖过程中，由于二氧化碳的积累和有机物分解使得水体不断酸化，从而引发中华鳖吃不上料、活力不强等问题，甚至直接诱发多种疾病。实践表明，pH 7.2～8.0 是温室养殖中华鳖的最适 pH 范围（表 3-5）。

表 3 - 5 不同 pH 对摄食的影响及处理方法

pH	>8.0	7.2~8.0	<7	<6
摄食影响及处理方法	温室养殖中出现的概率低，须检查氨氮是否偏高，外源水pH是否偏高，若偏高，泼洒醋酸降低pH，同时泼洒糖类（少量多次）	最适 pH 范围	短期不会影响摄食，养殖前期建议泼洒小苏打。若养殖3个月后，适当泼洒生石灰即可	一定会影响中华鳖的摄食，同时，关注水体中的亚硝酸浓度，若高于0.3毫克/升，立即连续泼洒生石灰2~3次，同时，多次泼洒糖类、肥水宝和活菌类

（3）水体肥活度 也是影响中华鳖摄食的重要因子。中华鳖温室养殖中，由于光照不足，生态系统比室外池塘的生态系统更加简单，因此在养殖的中后期，如果充氧不足，自然会导致水质恶化；而即使溶解氧充足，碳氮比例一旦失调，生态环境也会严重恶化，表现为有益微生物减少，有害微生物大量滋生，细菌性疾病多发；大量的粪便和残饵分解减慢，使氨氮和亚硝氮也大量积累，对中华鳖造成毒害等。因此，在新型养鳖温室内栽种一定量的水生植物，保持适当的水体肥活度，氨氮、亚硝酸氮等有害物质都能稳定控制在理想状态，从而促进其正常的摄食和生长。

2. 放养初期的诱食与驯食 放养后的头两天不用急于投料，使中华鳖更易被诱食。第三天时，可在饲料中添加 10%～15% 的鲜活水蚤（红虫）或鸡蛋黄，以增加饲料的腥味、易于诱食，并将饲料加工成条状（厚不超过 0.5 厘米、宽不超过 5 厘米）进行投放，投饲量为 1% 左右。投放地点由池塘的整体逐渐向食台四周及食台本身转移，观察中华鳖上台情况。若中华鳖可上台摄食后，不可急于加料，摄食时间控制在 1 小时为佳。驯食阶段最好控制在 15 天左右，便可开始投喂软颗粒饲料。

3. 中、后期的投饲管理 投喂的饲料须用全价配合饲料制成符合口裂大小的颗粒，并按"四定"原则投饲。

（1）定量 根据每天的吃食情况和水质变化，一般日投量按鳖体重的 3%～5% 投喂，掌握在 1 小时内吃完最好。

（2）定时 每天 5:00～6:00、14:00 左右和 20:00～21:00 各 1 次，使中华鳖养成按时进食的习惯。

（3）定位 将配合饲料作成细长条状，贴在食台上。

（4）定质 投喂全价配合饲料，饲料质量应符合 NY 5072 的规定，并辅以鲜活饵料，防止投喂腐败变质的饲料。

4. 蝇蛆干粉在温室养鳖中的应用　蝇蛆蛋白质含量丰富，占 63% 左右，必需氨基酸齐全，富含抗菌肽、甲壳素、活性蛋白、活性氨基酸和活性微量元素等成分，能改善动物的免疫能力，提高肌体抗病能力，促进消化吸收，维护肠胃系统正常健康，提高饲料利用率，是集营养、抗病、保健为一体的绿色生物活性蛋白饲料，可在日粮中替代部分鱼粉或直接日粮中添加。经过多年的小试、中试和生产性示范应用，均取得良好的效果。主要用法为：将蝇蛆干粉与市售的全价粉状配合饲料按 5%～8% 的比例混合，制作成软颗粒饲料进行投喂。以南浔区一养殖户为例，温室面积 550 米², 2013 年 5 月中旬放养 2.1 万只，驯食 1 个月后开始投喂蝇蛆粉，使用量按 5% 添加量拌于科盛牌粉状饲料中制成软颗粒进行投喂，全程未用任何抗生素。经 8 个月养殖，产量达 7.2吨，且产品质量安全，符合无公害要求。

（四）水质管理

1. 正常的水质指标要求　正常的中华鳖温室养殖的水质指标是：

（1）池水水色呈棕色、土黄色或类似泥浆的水色。

（2）池水中有较丰富的活性污泥，水质肥活。

（3）池水透明度小，5～10 厘米。

（4）pH 在 7.2～8，氨氮小于 5 毫克/升，亚硝酸盐氮小于 0.2 毫克/升，溶解氧在 3～5 毫克/升以上。

（5）增氧扩散产生的水圈细腻而平缓。

2. 日常管理措施

（1）温度控制　放养初期，晴天阳光猛烈，温度过高时，开动排风扇进行降温，晚上不开（通风即可）。9 月中旬，当室外水温降至 17～18℃、温室内气温降至 24～25℃ 时，开启地源热泵系统，热风通过散热风扇管道进入温室，加热温室空气至 33℃，从而维持水温 30～31℃。地源热泵设有自动温度控制装置，开机后当室内气温达到 33℃ 时，即会自动停止工作；当低于 33℃ 时，即会开始并持续工作，直到室内气温达到设定温度为止。

（2）增氧　随着中华鳖养殖时间的推移，投喂量加大，其排泄物不断增多，池中的有机物迅速积累，分解有机物所需的溶解氧的需求变大，增氧时间也应随着养殖时间的变化而延长。一般情况下，600 米² 左右的养殖水面积，养殖密度为 35～40 只/米² 时，可使用功率为 1.1 千瓦时的增氧机进行增氧。增氧时间与中华鳖养殖时间的关系见表 3-6。在实际操作中，应根据不同的养殖密度、水质状态及吃食情况灵活调节增氧时间。一般在中华鳖摄食前半个小时开动增氧机，喂料时则关闭增氧机，可有效提高中华鳖的摄食及饲料转化水平。

表 3-6 温室增氧时间与中华鳖放养时间的关系

放养时间（天）	0～30	30～60	60～90	90～120	120～150	＞150
增氧时间（小时）	2	4	8	12	24	24

（3）消毒换水　放养 15 天后，对各池定期进行交替式水体消毒，养殖前期间隔 15～20 天，养殖后期间隔 10～15 天。每立方米水体分别用漂白粉 3～5 毫克/升或强氯精 1 毫克/升或碘制剂 1 毫克/升浓度全池泼洒，交替进行。并随着鳖体长大逐渐加高池水，直至水深 50～60 厘米，加注新水经消毒且与池水温差≤2℃。60～90 天后，池水变浓或有气味时，加大曝气量，增加曝气时间，或排污加水。养殖 5 个月后，定期（一般为 1 周）进行排污加水或适当换水，换进的水须经过消毒，且与温室中池水温度一致。

（4）增施微生物制剂　在池中接种有益微生物（如光合细菌、EM 菌等），形成一定种群后能快速分解残饵、粪便及水中有机物，清除水体中有机物及氨氮、硫化氢、亚硝酸盐等有害物质，促进有益菌及藻类生长。首次施用 20～30 克/米^3，以后每周追施 5～10 克/米^3。

（5）移植水生植物　可在水体中移植水葫芦、水花生、浮萍和水芹等水生生物，能加快水体物质和能量的循环与流通，增强水体的自净能力；另一方面能为中华鳖提供适宜的栖息场所。水生植物放养量应不超过水面的 1/3，当水草生长过旺时，要及时采取间隔疏除法，捞除过多水草，使水草健康生长。防止水草生长过密造成腐烂，污染水质。

3. 几种不同水质的处理分析

（1）池水发黑发臭　池水水色发暗，池水发臭，具有明显的氨氮刺鼻味道，同时伴随着中华鳖摄食量下降，严重时中华鳖出现大规模的死亡。这种情况下，容易出现氨氮中毒，中华鳖漂浮水面，四肢撑开且在水面缓慢地游动，死亡后四肢发软。若检测水体氨氮值，多为 5 毫克/升以上。该种情况多出现在中华鳖养殖前期投料量过大、增氧量不足、出现剩余的饲料腐败变质而引起。出现该种情况时，应该及时增加增氧时间，但注意不能大幅增加增氧时间，谨防亚硝酸氮的升高。降低氨氮中毒对中华鳖体质的影响，同时，内服维生素 C 及葡萄糖。若情况较为严重，可视情况更换水体 1/3～2/3，更换新水体后最好使用嗜乳酸菌、EM菌等微生物制剂进行水体调控。禁止使用生石灰等碱性消毒剂直接对发黑发臭的池水泼洒，容易强化中华鳖氨氮中毒症状。

（2）池水发白　除饲料中添加黄粉虫、蚯蚓等天然鲜活饵料，养殖池塘出现正常的池水发白现象外，由于投饵量过大、剩料过大、增氧不足、使水体中有机物剩余较多来不及转化引起池水发白时，需要注意监测水质理化指标。根据水色变化原因，采取对症方法，可从减少水质有机物入手，更换1/4的水体，增加增氧时间，泼洒水质改良剂。

（3）池水变清　池水更换水体，调高池水水位，在中华鳖养殖管理中时常出现。但若一次性加水较多，容易破坏水体生态平衡，加剧池底亚硝酸氮、氨氮等有害物质的扩散。加入清水过大，导致水层中的活性污泥发生沉降，从而水体变清，亚硝酸含量进一步升高，出现清水的现象。适当降低增氧时间或者调低增氧强度，保持微增氧的情况，同时泼洒亚硝速灵，隔天再泼洒1次。第三天可使用氨基酸肥及硝化菌、EM菌或芽孢杆菌，对水体进行复壮的强化。日常管理时，注意水体更换、水体提升及增氧调控幅度，不可大幅度更改或微幅提升。

（4）池水发红　原因主要有三种：一是温室池塘边角出现大量红虫而引起水体发红；二是引用机打井井水，地下水中的亚铁氧化为3价铁后漂浮在水体表面，呈现为红褐色的浮膜；三是使用EM菌剂过后的1周内，水体呈现清亮的红色，后续根据水色可以通过补充菌种，延续水体生态环境平衡。如果是红虫大量出现，促使养殖水体呈现为红色，表示水体较肥。红虫日常通过摄食水体中的有机物、微生物得以延续，水体变清。随着红虫数量的剧增，水体中有机物的消耗，池水变清而后引起水体氨氮亚硝酸盐升高。在红虫剧增前，可以通过100目捞网在池边控制池塘中红虫数量，也可以通过90%的敌百虫（0.2毫克/升）杀灭水体中的红虫。

（五）病害防治

1. 疾病预防　新型温室养殖由于集约化程度高，养殖密度大，如管理不善，容易滋生病菌，引起疾病发生，因此，务必要做好病害的防治工作。坚持"全面预防、积极治疗"的方针，强调"防重于治、防治结合"的原则，提倡生态综合防治和使用生物制剂，尽量使用中草药对病虫害进行防治。渔药的使用必须严格按照国务院、农业部有关规定，禁止使用未经取得生产许可证、批准文号、产品执行标准的渔药；严禁使用违禁药品。渔药使用后，要严格执行休药期规定，确保上市商品鳖质量安全可靠。

2. 几种常见病的防治

（1）**白点病** 温室稚、幼鳖的常见病害之一，主要病原菌为嗜水气单胞菌和温和气单胞菌。其发病症状是白点可遍布全身，以腹部最多，挑破可见白色脓液，严重时白点扩大，边缘不齐，有溃烂现象（图3-7）。临近死亡的鳖体表及膜脱落，常浮于水面，颈半伸半缩，游泳缓慢，很快死亡。该病传染快、死亡率高，水温25～30℃时流行，发病高峰在稚鳖孵化1个月内以及进入温室1个月内，如果不及时进行有效治疗，死亡率在几天内就会迅速提高，有时甚至全军覆灭。其主要发病原因为：一是温棚内水温偏低或孵化室的温度与温棚内的温度相差过大，刚孵化出来的中华鳖从孵化室进入温棚后易发生白点病；二是水体清瘦，中华鳖入池前未提前培肥养殖水体；三是由于养殖水体偏酸、溶氧不足或放养密度过大引起白点病。如果病情轻微，则每立方米水体外泼盐酸土霉素8～10克，隔天使用1次，连续使用2次；如果发病情况比较严重，则每立方米水体外泼强力霉素2～3克，隔天使用1次，连续使用2次（强力霉素兼有肥水的作用）。

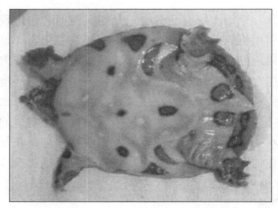

图3-7 中华鳖白点病

（2）**腐皮病** 整个养殖周期均有可能发病，主要致病菌以气单胞菌为主。其发病症状是，鳖体表的任何部位皮肤发生溃烂、溃疡，血水渗出，组织坏死，病灶边缘肿胀，可进一步发展为疖疮病和穿孔病。多数是由于水环境不适引起：一是水温控制过高；二是水体透明度太大或养殖密度过高；三是水质恶化，水体中氨氮、亚硝酸盐、硫化氢等有害物质偏高。在水环境不适的情况下，中华鳖易烦躁，互相撕咬，伤口发炎、肿胀、溃疡，肌肉与骨骼外露，四肢在坚硬的水泥池底或地面摩擦，或掘土过程中受伤，继发感染，引起爪糜烂、四肢烂掉、爪脱落等症状（图3-8）。若出现腐皮病，外泼戊二醛（每立方米水体2克），病鳖用超能活性碘药浴10～15分钟，内服一些清凉解毒的药物和电解多维2克/千克、保肝宁2克/千克等。

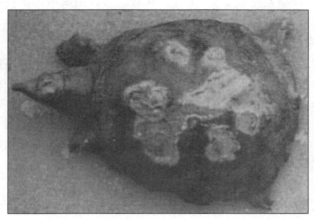

图3-8　中华鳖腐皮病

（3）穿孔病　病原有嗜水气单胞菌、普通变形杆菌、肺炎克雷伯氏菌和产碱菌等。发病初期，病鳖的背、腹甲及裙边出现白色疮痂，直径0.2～1.0厘米不等，周围出血，挑开后可见甲壳穿孔，穿孔处流血不止。未挑开的疮痂不久自行脱落留下一小洞，洞口边缘发炎，轻压有血液留出，严重者可见内腔壁。防治方法同"腐皮病"。

（4）肠炎病　根据致病原因的不同，可分为三种：一是细菌性肠炎，其典型症状是中华鳖的肛门出现红肿，大便浮起；二是应激性肠炎，其症状是粪便不成型，并且伴有鼻涕状的物质；三是食物性肠炎，其粪便可以发现未完全消化的食物。无论出现哪一种肠炎，治疗时应先让中华鳖停料1餐或减少投喂量，减轻其肠道的负担。细菌性肠炎最为常见，一般使用适量的抗菌类药物和盐酸小檗碱进行治疗，并外泼大黄粉或三黄粉。抗菌类药物可以杀灭病原菌，同时，也会把中华鳖肠道内的有益微生物杀死，而这些有益微生物对中华鳖的消化功能起到了非常关键的辅助作用。因此，用药后更重要的是要重新构建中华鳖肠道内的微生态系统，应适当投喂一些电解多维和产酶益生素，以帮助其恢复肠道功能；如果是应激性肠炎，可投喂电解多维、葡萄糖、产酶益生素和盐酸小檗碱；如果是食物性肠炎，可给中华鳖饲喂电解多维、葡萄糖、产酶益生素、盐酸小檗碱和大蒜素。食物性肠炎是由于投喂的饲料细度太低，饲料中有不利于消化的原料，饲料加工后的颗粒太硬或鱼油、菜油添加量过大等造成肠道的负担加重，从而引起肠炎，可投喂食母生、电解多维 2 克/千克、低聚糖 5 克/千克、产酶益生素 2 克/千克、含有乳酸杆菌属可内服食用的 EM 制剂等，同时，可考虑饲料搭配 1% ～ 3% 的蔬菜。

（六）日常管理

每天至少巡池 2 次，一般安排在投饲 1 个小时后。检查温室内气味和水温变化，观察稚鳖摄食、活动和水质状况，捞除漂浮物和死鳖，并根据摄食和活动情况及时采取相应措施。检查温室里各系统设备的运转情况，保证温室中的加温系统、进排水系统、曝气增氧系统及照明等设施的正常运转。认真做好生产记录，如天气、温室中气温水温、饲料投喂、疾病的发生及治疗、消毒、用药、水质状况和换水、设备维检修等情况。

五、效益

以杭州萧山某水产养殖有限公司为例，选择条件相同的养鳖温室 16 幢，8 160 米²，分别采用地源热泵系统加温自动控温方式和传统人工锅炉烧水加温两种不同加温方式进行生产对比。结果表明，4 080 米² 试验组每平方米产量比对照组增加 0.38 千克，利润增加 35.86 元；生产每千克中华鳖减少成本支出 2.52 元，其中，降低能源费支出 0.65 元、药费支出 0.17 元。采用地源热泵加热和控温方式增加了产量，减少了用药量，提升了中华鳖养殖的质量，降低了饲料系数，提高了成活率，节约了能源，相比于用煤加温的生产工艺，节约了成本，减少了人工，降低了对大气的污染，清洁、低碳、节能和高效，符合当前国家提倡高效节能绿色低碳加温技术的要求，具有良好的经济、社会和生态效益。

第三节　温室外塘两段式养殖模式

中华鳖温室外塘两段式养殖模式，是指稚、幼鳖经温室培育后，转移到室外土塘养成商品鳖并提升品质的一种养殖模式，该模式十分适合国家水产新品种中华鳖日本品系的养殖。一般情况下，稚鳖通过 8～10 个月的温室养殖，每只规格可达到 400 克左右；然后在翌年 5～6 月时转移到外塘养殖，至当年年底平均养成规格在 750 克以上，即可上市销售，或者继续养殖，生产出更大规格的商品鳖。该模式同时解决了温室养殖中华鳖的品质较差和外塘养殖模式养殖周期较长的问题，生产出来的商品鳖肉质较好，体型、体色都比较漂亮，市场售价较高。

一、模式特点

（一）节省土地资源

随着经济的发展，土地资源日趋紧张，因此采用本模式新建养鳖场时，生产功能的布局必须合理。通常，具有一定规模的养鳖场都会将中华鳖苗种繁育、苗种培育和商品养殖的功能根据地形地貌进行合理的规划布局，这样可最大限度地利用土地资源。一般温室与外塘面积的比例在 1:10 左右。

（二）养殖产量高、质量好

本模式是在环境人工可控的情况下，既利用了温室的高密度集约化养殖方式，又利用了外塘生态养殖的高品质优势，既可获得高的产量，也可保证中华鳖产量的质量安全。

（三）养殖周期适中、资金周转快

在常规的养殖条件下，中华鳖养成至 500 克以上的商品，一般需要 3 龄以上，养殖周期长，风险大。而采用本模式进行养殖，整个周期一般在 15 个月左右，养殖周期适中，产品上市快，资金回笼和周转快，风险可大幅降低。

（四）技术管理要求高

本模式养殖中华鳖，经历了温室养殖阶段和外塘养殖阶段，对操作者要求较高，需要具有一定的文化水平和专业知识。尤其是在温室转外塘过程中，需要一个环境适应的过程。如技术管理不善，可能会出现转塘后的中华鳖难以适应外塘环境的现象，表现出感冒、粗脖子病等病害频发，甚至出现死亡现象，从而影响当年的养殖效益。

二、主要工艺流程

该模式的工艺流程大致见图 3-9。从第一阶段的温室苗种培育到第二阶段的室外池塘商品鳖养殖，结合长三角地区的气候特点和中华鳖苗种生产时间，一般稚鳖在当年7～8月孵出后进行温室高密度放养，经过2个月左右的养殖，平均规格达到50克/只左右时进行分养。至翌年5～6月进行翻塘，然后在外塘继续培育养成逐步上市销售。

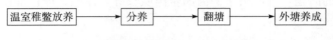

图3-9　温室外塘两段养殖模式工艺流程图

三、主要技术要点

本养殖模式经历温室和外塘两个养殖阶段，各阶段在实际生产上和温室鳖或外塘鳖养殖管理基本相同，翻塘过程是本模式技术的重点，关系到中华鳖的成活率，故本节作重点介绍。

（一）中华鳖种类的选择

中华鳖在我国分布广，主要养殖地理群体的特性有所不同。养殖生产实践证明，并非所有品种都适合温室外塘两段养殖模式。适合采用温室外塘两段养殖模式的中华鳖品种，主要有中华鳖日本品系、中华鳖、中华鳖黄河品系和湖南品系等，其中，浙江地区以中华鳖日本品系和中华鳖为主，湖北荆门地区则以中华鳖和黄河品系为主。而台湾品系、泰国品系等中华鳖不太适应转外塘养殖，特别是大规格（350克以上）泰国品系中华鳖转外塘养殖成功率较低。通常，应选择体重350～500克的健康温室鳖进行外塘养殖，采用该规格进行转外塘养殖成活率高，生长增重快，效益较高。

（二）转塘前的准备

1. 外塘的清塘杀菌消毒　中华鳖从温室移到外塘前20～30天，要先对外塘进行彻底的清塘杀菌。外塘存积着有毒有害的淤泥，若不彻底消毒，中华鳖很容易因操作损伤而被细菌感染，诱发腐皮、疖疮和穿孔等疾病。首先要将外塘中的积水尽可能地排干，再将底泥翻成垄，利用太阳光进行长时间的曝晒，太阳光中的紫外线能杀死各种病原体，反复翻动土壤，将藏于淤泥中的病原体杀死，这是消毒杀菌的最好办法。架设好食台，方法同第一节。在转外塘的前9天泼洒生石灰，用生石灰清塘。7天后进水，进水40～50厘米，水位太深，不利于升温且上下层水温温差太大，不利于温室鳖适应外塘环境。试验池水是否有毒性，在确保池水没有毒性后可以准备搬池。

2. 温室出棚前的准备 中华鳖出温室前 1 周左右，应提前通风、降温，至出棚时水温降至 27～28℃，最好与外塘表层水温基本持平。同时，还应为中华鳖增加营养和添加防病、治病的药物。增加营养的办法是选择好的饲料，并拌入蛋黄、猪肝等。防病和治疗的药物，一般是在饲料中加复合维生素、维生素 C、环丙沙星、板蓝根和金银花等。特别是添加维生素 C，转外塘时，中华鳖在操作过程中容易受伤，维生素 C 可促进伤口愈合和预防伤口感染发炎。出棚前最好停饲 1～2 天，只有健康的中华鳖方可转塘。辨别中华鳖是否健康，可以从中华鳖的反应敏捷和吃食速度等来判断。转外塘时，千万不要勉强，盲目跟从。如果中华鳖反应呆滞、活力不强、摄食缓慢或有其他明显的病害时，一定要先治疗痊愈后再转入外塘。

（三）翻塘操作

1. 翻塘时间的选择 出棚时间一般在 5 月下旬和 6 月上旬为宜。此时，外塘水温达到 25℃以上，并且避开梅雨。一般应选择连续 2 个晴天的时间段进行温室至外塘的转运，在 4：00～7：00 及 17：00 以后进行，避免在高温及阳光强烈条件下进行。

2. 分级挑选 出棚时尽可能带水捉鳖，以免干池对中华鳖机体造成机械损伤及应激反应。中华鳖捕捞出温室后，为尽量减少相互间的咬伤概率，可采用带水操作进行分级挑选，先将残次品挑出，并根据雌雄、个体规格大小分隔开来，尽量保持每个类别中华鳖的均匀度，为后期的养殖做好铺垫。

3. 鳖体消毒 运输前将中华鳖装入网袋后，用 20 毫克/升的高锰酸钾或聚维酮碘（含有效碘 1%）溶液浸泡 3～5 分钟，以防止捕捞过程中抓伤感染。

4. 运输 在当前市场运作模式的影响下，中华鳖温室养殖与外塘养殖开始出现分工的现象，两者之间一般存在一定的地理距离，中华鳖转塘需要经过一定的运输才能到达目的地。在运输包装时应注意要先用尼龙袋将中华鳖分装后再平铺于塑料框中（框的高度为 30 厘米以上），使用的车辆最好是封闭式的车厢型号，以减少运输途中的灌风，从而减少应激。如果路途遥远，运输中途停车时对车辆的底盘进行浇水降温，以减少温度过高引起的应激反应。

5. 外塘放养 经运输后的中华鳖会出现个别咬伤的情况，应在下池前挑出，进行隔离饲养。下池时应带水操作，将筐子运到养殖池边，让中华鳖自然爬入池中。放养密度不宜过大，以每平方米 1～2 只为宜。通过控制放养密度，可以有效减少中华鳖的发病概率（表3-7）。养殖密度1只/米²比2只/米²，可以提高成活率6.7％，日增重可以提高14％。

表3-7 2009年不同放养密度养殖对比试验统计（2009/6/5～2009/10/4）

放养密度（只/米²）	养殖周期（天）	投放时均重（千克）	起捕时均重（千克）	平均日增重（克）	正品率（％）	成活率（％）
1	120	0.3	0.84	4.5	99.2	97.2
1.5	120	0.3	0.77	3.9	95.6	93.0
2	120	0.3	0.67	3.1	93.5	90.5

注：数据来自浙江省"中华鳖新品种产业化关键技术研究与应用"项目组。

（四）放养后的管理

1. 水质管理 下池后1～2小时，全池用1毫克/升金碘泼洒消毒，而后隔3天消毒1次。外塘养殖过程中基本不需换水，水的透明度以20～30厘米为宜，正常良好的水色为黄绿色或茶褐色。为保障水质稳定，可套养滤食性鱼类，如每亩套养白鲢50～100尾和花鲢10～20尾。水位一般维持在80厘米左右，至10月天气转冷，可加深水位至1米左右。如果发现水质较差时，一般用碘制剂等消毒。

定期在鳖塘中使用有益微生物，如用于改良水质的EM菌群、光合细菌，分解有机质的芽孢杆菌属，降解氨氮的硝化细菌属等。以绍兴某养殖公司为例，分别使用EM菌群和复合芽孢杆菌于中华鳖养殖塘中，结果表明，EM菌群和复合芽孢杆菌可以有效降低养殖水体中亚硝酸盐和硝酸盐含量，降低程度达到30％以上（表3-8）。

表3-8 微生物制剂对中华鳖新品种养殖水质的影响

项目	菌种投放前（毫克/升）			投放30天（毫克/升）			投放60天（毫克/升）		
	DO	NO_2-N	NO_3-N	DO	NO_2-N	NO_3-N	DO	NO_2-N	NO_3-N
EM菌群	5.8	0.3	3	6.0	0.4	6	6.0	0.4	6
复合芽孢杆菌	5.8	0.3	3	5.8	0.4	5	5.8	0.4	6
对照组	5.8	0.3	3	5.6	0.5	6	5.6	0.6	10

2. 投饲管理 中华鳖放入外塘后一般需停料2～3天，让其慢慢适应环境。然后，根据池塘里中华鳖的活动情况，酌情进行诱食试验，一般采用粉料现做现喂。首次投喂饲料应控制在每亩500克饲料以内，避免个别中华鳖暴

食。饲料内可掺入少许鱼油，以提高诱食效果。诱食成功后，逐渐加大投喂量，至外塘放养后 10～15 天达到温室的摄食量。然后每天每万只中华鳖增加饲料 2 千克，如果遇到高温天气（气温超过 33℃）增加量为 1 千克或者保持原来的投喂量，待高温过去后再增加投喂量。当每天每万只的饲料投喂量达到 110 千克时，不再增加投喂量。投喂时应严格按照定质、定量、定时、定点的"四定"原则。一般水温 18～20℃时，2 天 1 次；水温 20～25℃时，每天 1 次；水温 25℃以上时，每天 2 次，分别为 9：00 前和 16：00 后。正常摄食后的投饲量的多少，应根据气候状况和中华鳖的摄食强度进行调整，以在 1 小时内摄完为准。

3. 病害预防　该模式下转塘过程如果管理不好，可能会导致中华鳖死亡。主要原因有三个方面：一是温差大导致感冒患病，温室水温高，外塘水温低，温差太大导致中华鳖无法适应环境，一般放养 1 个月后左右开始陆续发现患病死亡现象；二是中华鳖本身带病或体质较弱，在转入外塘时，环境变化太大，病情恶化，造成大量死亡；三是外塘没有清塘彻底，外塘的淤泥中有大量的病原体。为了减少养殖病害损失，在中华鳖出温室转入外塘养殖后，需要做好疾病预防措施：一是做好日常水体消毒工作，具体方法参照第一节。二是内服抗应激类药物，诱食成功后先内服保肝宁、低聚糖-800，连续投喂 3～5 天，以防止过度应激而诱发鳃腺炎、白底板等综合性病害；然后再酌情使用氟苯尼考、沙星类等抗菌渔药，以防止细菌性疾病。一般安排在 6 月下旬至 7 月上旬，将保肝健胃抗应激类产品添加到饲料中制成药饵进行投喂，添加比例为每千克饲料 10～15 克，连续投喂 10～15 天。适时在饲料中添加维生素 C、免疫多糖和超碘季铵盐等，以增强抗应激和抗病能力。中草药对中华鳖的病害防治效果好，有关项目研究表明，利用郁金、金银花等中药材晒干加工成微粉，每月鳖饲料添加 10 天，添加量为饲料量的 3%，用于鳖病预防。经 3 个月养殖试验，中草药预防疾病效果明显，养殖过程未发现病害；而对照组发现有穿孔病症状。

四、效益情况

随着消费者对中华鳖品质要求的提升，我国的养鳖模式正从以温室养鳖为主的模式逐渐转为以温室外塘两段养殖模式为主，尤其在浙江养鳖主产区发展势头较猛。以杭州萧山某公司为例，中华鳖日本品系温室放养密度为 25

只/米²，外塘放养 1 000 只/亩，经过 10 个月的温室养殖和 4 个月的外塘生态养殖，将常规养殖 3 年周期缩短为 14 个月，商品鳖平均规格可达到 900 克/只，单位面积产量在 1.07 千克/米² 以上，经济效益较为可观。从养成的中华鳖的品质来看，由于后期在室外池塘养殖，水体环境好，又可在阳光下晒背，背部多呈浅黄绿色，爪比较尖，活力比温室鳖强，脂肪比温室鳖少些，口感较好，品质优，市场价格高（图 3 - 10）。

图 3 - 10　中华温室外塘两段养殖模式

第四节　鱼鳖混养模式

鱼鳖混养模式，是利用养殖池塘的生态条件，运用生态渔业建设的生态位原理，用中华鳖充实池塘空缺生态位，充分发挥生态位效能，提高池塘渔业的综合效益的一种健康养鳖模式。该模式既可以以养鳖为主，也可以以养鱼为主。

一、鱼鳖混养的生态学原理

从生物学的观点以及生产实践中已经证明，鱼鳖混养，中华鳖既不是鱼的天敌，鱼的活动不妨碍鳖的摄食，而是既能充分加速水体的物质循环，又能保持生态系统的动态平衡，是淡水养殖中发掘生产潜力、提高水利利用率以及经济效益的新途径。

（一）增加和调节水体溶氧

中华鳖是爬行动物，摄食、活动都在水中进行，又由于它是用肺呼吸，必须经常性地浮到水面交换气体。这样来回往返活动，可使表层水与底层水的溶氧得到交流而达到上下层水溶氧量均衡，既防止由于浮游植物旺盛的光合作用产生的过饱和氧逸出，又可弥补深层水的"氧债"，且有利于淤泥中营养盐的释放，有利于浮游生物的繁殖以及鱼、鳖的代谢生长。同时，由于中华鳖在池底的活动，使沉淀在池底的有机物能经常性地进行分解，降低了有机物的耗氧量，即使遇到池水缺氧，也可减轻或避免"泛池"的危险。据测定：7、8、9、10月鱼鳖混养池及对照池，鱼鳖混养池4个月月平均溶氧量为6.73毫克/升，养鱼对照池4个月平均溶氧量为5.4毫克/升。

（二）净化水质

由于中华鳖饲料中动物性蛋白的含量较高，则残饵和粪便对于水质的污染也比较严重，特别是中华鳖的代谢所产生的大量氨氮（据测定，一般鳖池高于一般养鱼池10倍以上），当其达到一定浓度时，不利于鳖的生长发育。由于放养了滤食性的鲢、鳙鱼类，吃掉了大量的浮游生物，使得浮游生物大量繁殖而利用了氨氮；同时，由于鲢、鳙摄食了大量的浮游生物，增加了光透性，保持了光合作用的正常进行；又由于鳖池放养了鲤、鲫等杂食性鱼类，摄食了未利用的高蛋白的残饵剩渣和底栖生物等，净化了水质。

（三）优化生态环境

鱼鳖混养时由于鳖的频繁活动，浮游生物在水的表层和底层分布没有明显的差异，更不像一般养鱼池常具有浮游生物昼夜垂直分布的显著变化，特别是夜间，表层与底层水中的浮游生物的数量基本趋向一致。又由于中华鳖的频繁活动，使鱼鳖混养池上、中、下溶氧也基本趋向一致，进一步优化了鱼、鳖的生活环境，方便了鱼类索饵，促进了鱼鳖的新陈代谢。

（四）提高饲料利用效率

中华鳖的剩余饲料和排泄物内氮、磷、钾等含量较高，可以起到培肥水质的作用，为以浮游生物为食的花、白鲢和杂食的鲫、鲤、罗非鱼等鱼类的快速生长提供饵料条件。同时，大量的鱼类粪便、水草沤肥及随之繁殖起来的细菌、浮游生物又给中华鳖的饵料螺、蚌的生长创造了良好的条件，这样形成了鱼、鳖食物链，促进新的生态平衡。据测定，鱼鳖混养池的浮游植物量是一般养鱼池的2.4倍，底栖生物量是一般养鱼池的5.5倍和9倍。另外，草鱼和鲤、鲫杂食性鱼类又直接吃掉了鳖的部分高蛋白的残饵剩渣和有机碎屑，而直接利用了废弃物。因此，鱼鳖混养可以减少鱼鳖的投饵量而达到了节约饵料的目的。

（五）减少疾病，提高成活率

中华鳖的活动缓慢，鱼类的游动能力远较中华鳖敏捷快速，所以中华鳖难以吃食鱼类。实践证明，中华鳖不会伤害健康鱼，但能吃掉行动迟缓的病鱼和死鱼，从而起到了防止病原体传播并大大减少鱼、鳖病的发生，提高了成活率。

二、常见的混养鱼类

（一）大宗淡水鱼

1. 鲢 在水域的上层，以硅藻、绿藻等浮游植物为食。

2. 鳙 栖息在水域的中上层，以水蚤等浮游动物为食。

3. 青鱼 栖息在水域中下层，主要以螺蛳、蚌和小河蚌等底栖动物为食。

4. 草鱼 栖息在水域的中下层和水草多的岸边，主要以水草、芦苇等为食。

5. 鲫 栖息在水域的底层，为杂食性鱼类。品种包括异育银鲫"中科3号"、湘云鲫、彭泽鲫等。其中，"中科3号"是中国科学院水生生物研究所从筛选出的少数银鲫优良个体经异精雌核发育增殖、多代生长对比养殖试验评价培育出来的异育银鲫第三代新品种，品种登记号为 GS01 - 002 - 2007。既能以浮游动物、浮游植物为食物，又能摄食底栖动植物以及有机碎屑等。体色银黑，鳞片紧密，不易脱鳞；生长速度比高背鲫生长快 13.7％～34.4％，出肉率高 6％以上；遗传性状稳定，子代性状与亲代不分离；碘泡虫病发病率低，成活率高。适宜在全国范围内的各种可控水体内养殖。

6. 鲤 属于中层鱼类，利用水体的中上部位。其食性杂，荤素兼食。目前，与中华鳖混养的品种主要为观赏性日本锦鲤、瓯江彩鲤。

7. 罗非鱼 一般栖息在水域的下层，为植物性为主的杂食性鱼类。罗非鱼可以摄食一般鱼类难以消化的鱼腥藻、微囊藻，有"水体清道夫"的美称。它在水体的存在，能改善水质。但它的繁殖力很强，应只放养单性（雄性）罗非鱼，以维持水体生态相对稳定，利于鳖及其他混养鱼的生长，提高经济价值。南方地区亲鳖越冬池不能混养罗非鱼，因为它们翻底会干扰亲鳖冬眠。

(二)名特品种

1. 黄颡鱼 营底栖生活,白天栖息于湖水底层,夜间则游到水上层觅食。杂食性,主食底栖脊椎动物,食物多为小鱼、水生昆虫等小型水生动物。主要养殖品种为黄颡鱼。黄颡鱼"全雄1号"为水利部中国科学院水工程生态研究所、中国科学院水生生物研究所和武汉百瑞生物技术有限公司采用鱼类细胞遗传工程和性别控制技术培育出的新品种,品种登记号为GS04-001-2010。其雄性率高,苗种遗传雄性率达到100%;生长速度快、产量高、效益好,在相同养殖条件下,1龄黄颡鱼"全雄1号"比普通黄颡鱼平均生长速度快30%,2龄快50%以上。因全部为雄性,规格大而且整齐,养殖生长体型变异小。目前已在全国推广应用。

2. 暗纹东方鲀 栖息于水域的中下层,为偏动物性的杂食性鱼类。

3. 泥鳅 栖息于静水的底层。当水温升高至30℃时,即潜入泥中度夏;水温下降到5℃以下时,即钻入泥中越冬。食性杂,以浮游生物、水生昆虫、甲壳动物、水生高等植物碎屑以及藻类等为主,有时也摄取水底腐殖质或泥渣。

三、主要模式类型及技术要点

(一)以中华鳖为主套养大宗淡水鱼类

该类型以池塘养殖中华鳖为主,套养大宗淡水鱼类。通过鱼类摄食残饵和浮游生物等,改善水质,提高饲料利用效率,增加养殖收入。其主要技术要点如下:

1. 池塘的选择和改造

(1)**池塘条件** 池塘应选择环境安静、避风向阳、注排水系统配套的池塘。面积以5~10亩为宜,塘岸坡比为1:2,塘底平坦,淤泥20~30厘米,水深1.8~2.5米。水源充足,水质良好,无污染,pH 7~8.5,溶氧5毫克/升以上,水质符合渔业用水标准。

(2)**防逃设施** 池塘周围建防逃墙,墙高40~50厘米,墙顶设T形防逃檐,内壁光滑,防止中华鳖逃走和敌害侵入。

(3)**搭建晒台和饵料台** 每个池塘用水泥板或木板搭建8~10个饵料台,饵料台长2.5米、宽1米,高出水面15~25厘米,以30°~40°角斜放固定在池塘中。

2. 苗种放养

（1）放养前的准备　冬季将池塘水排干，清除过多的底质淤泥，淤泥深度以 20 厘米左右为宜。经冬天风冻或曝晒后，每亩用生石灰 100～200 千克清塘清毒。放养前注水 50 厘米，放入经过发酵的有机肥培良池水。新开挖的塘口施肥量为每亩 500 千克左右，老塘口施肥量为 200～350 千克。施肥 15 天后投放螺蛳，投放量为每亩 80～100 千克。

（2）苗种来源和质量要求　鱼种要求来自鱼种专用池培育的鱼种和在成鱼池套养的鱼种，对外来鱼种必须产自无公害水产养殖基地或规模化繁育基地、省级原良种场等。鱼种要求品种优良，规格适中，体型正常，体表光滑，跳动激烈，溯水性强，无伤无病。

中华鳖种产地需明确，不要选择来路不明的中华鳖。要求规格整齐，体质健壮，反应敏捷，行动迅速，裙边和背甲宽厚，无损伤，无病害，体色鲜亮有光泽，腹甲以及四肢基部以黄色为好。

（3）苗种放养时间　鱼种以冬季放养为好，最迟必须在立春前放养结束。中华鳖最好在 4 月下旬至 5 月上旬放养为佳，此时水温在 25℃ 左右，有利于中华鳖尽快适应池塘条件。

（4）苗种放养密度和搭配比例　中华鳖的苗种选择要求规格整齐、均匀、无病无伤和活动能力强，体重 200～250 克为佳，每亩 400～600 只。混养一般以鲢、鳙和鲫为主，可适当配养鲤，也可配养一定的草鱼和鳊。鲢、鳙放养规格为 150～300 克/尾，100～200 尾；鲤、鲫和草鱼的规格为 30～60 克/尾，鲤、鲫 75～100 尾，草鱼 50～75 尾。

3. 饲养管理

（1）饲料投喂　鱼鳖混养的投喂重点是中华鳖。因中华鳖是杂食性动物，以动物蛋白为主，植物蛋白为辅。在产业化发展趋势下，中华鳖和鱼类一般均投喂全价配合颗粒饲料，也有采用小杂鱼、动物内脏和下脚料等鲜活饵料进行投喂。配合料的投喂量为中华鳖体重的 5%～8%，新鲜动物饵料则为中华鳖的体重的 10%～15%。饵料应投在食台上，8：00～9：00 按全天量的 40%～45% 投喂，16：00～17：00 按 55%～60% 投喂。应根据天气、水温和中华鳖生长情况灵活掌握，每次投喂以 1 小时内吃完为度。花、白鲢摄食浮游生物，起到清洁和调节水质的作用，无需投喂；鲤、鲫可松底泥，清理残饵。因此，为增加鱼类的产量，也可采用鱼类配合饲料进行投喂，方法与常规养鱼相同。

（2）水质管理　放养初期保持水位80～100厘米，随水温提高逐步加高水位，每次加水20～30厘米，保持水质清新，池水透明度在25～30厘米，及时清除残饵，可少量放养水葫芦、浮萍等水生植物，用作中华鳖在夏日的避阴场所，但面积不要超总水面的5％。适时换水，并且每次换水不超过20％。每隔10～15天，用20毫克/升生石灰或1.5毫克/升的漂白粉交替进行全池均匀泼洒。同时，水面需配置增氧机，适时开机，提高水体的溶氧量。

（3）巡塘检查　每天早、中、晚巡塘3次，观察鱼鳖摄食情况，消灭蛇、鼠等敌害生物，检查防逃设施是否完好。

4. 病害防治

（1）池塘及工具的消毒　放养前或捕捞后均需用生石灰消毒，小型工具可用10毫克/升的硫酸铜溶液浸泡，大型工具要在阳光下曝晒后使用。

（2）苗种消毒　鱼鳖在下塘前均要消毒。鱼种下塘前，可用食盐1％和小苏打1％混合溶液浸洗鱼体一段时间，主要视鱼的耐受力决定；中华鳖在下塘前，可用高锰酸钾溶液30毫克/升或3％的食盐水浸洗鳖体5～10分钟。

（3）食台管理　食台要保持清洁。每天扫除食台上残饵，并每15天左右清洗1次。

（4）池水消毒　每隔10～15天，用20毫克/升的生石灰或1.5毫克/升的漂白粉交替进行全池均匀泼洒。

（5）常见鳖病防治　常见鳖病防治见表3-9。鳖病用药符合NY 5071—2002的要求。

表3-9　常见鳖病防治

病名	流行季节	主要症状	防治方法
出血病	6～8月	腹甲出现出血斑点，咽喉内壁严重出血，肠道、肾脏、肝脏也可出现出血症状	病鳖隔离饲养；聚维酮碘（有效碘1％）0.3～0.5毫克/升全池泼洒；投喂大蒜，用量为每千克体重10～30克，连用4～6天
腮腺炎病	3～6月	颈部明显肿大，口鼻出血，全身浮肿，腹甲出现红斑	病鳖取出隔离；对池水及饲养工具用20毫克/升的漂白粉消毒；用土霉素拌饵投喂，用量为每千克体重80～100毫克，连用5～7天
腐皮病	1～12月	四肢、颈部、尾部或甲壳边缘处皮肤糜烂，严重时骨骼外露	病鳖及时隔离；0.3～0.5毫克/升的强氯精全池泼洒；复方新诺明拌饵投喂，用量每千克体重100毫克，连用5～7天

（续）

病名	流行季节	主要症状	防治方法
水霉病	5～7月	菌体常寄生在鳖的四肢、颈部和腹下，形成棉絮状	用五倍子药汁全塘泼洒，使池水浓度达到4毫克/升
钟形虫病	1～12月	病鳖摄饵率降低，四肢、甲壳、颈部等处出现一簇簇土黄色絮状物	用0.8毫克/升的硫酸铜浸洗20～30分钟；或用2%～3%的食盐水浸洗5～10分钟

5. 起捕　11月底前，排出部分池水，降低池内水位，先扦网捕鱼，待鱼类起捕达到80%以上时，干塘捕捉成鳖，经挑选分级后，上市销售。

6. 主要注意事项

（1）放养鱼苗的规格要与鳖种相匹配，个体不能太小，否则会被中华鳖吞食，影响鱼类的成活率。

（2）加强管理。残饵要适时清除，否则容易滋生病原生物，中华鳖对水质、溶氧的要求较高，当气压低、天气闷热时，应及时换水或加注新水，保证水质清新或溶氧丰富，但每次换水量不宜超过20%。

（3）由于中华鳖喜欢安静的环境，无特殊情况不宜拉网，以免打扰中华鳖的正常生活，影响其生长。

（二）以黄颡鱼为主的混养模式

该模式通过以池塘养殖黄颡鱼为主，混养中华鳖，可实现1亩水面年均亩产黄颡鱼400千克和中华鳖100千克。黄颡鱼因其在苗种培育及成鱼养殖阶段，可以摄食池塘中大量的浮游生物和底栖动物、水生昆虫、饵料残渣及有机碎屑等，增加了池塘生态系统的食物链组成，减少了能量损失，维护了池塘生态平衡。其主要技术要点如下：

1. 池塘条件　选择水源充足、水质清新无污染、排灌方便、防逃设施完善、环境安静、阳光充足的精养池塘。底质以壤土或沙壤土为宜，面积10亩左右，保水深1.8～2.2米，淤泥深20～30厘米，坡比为1∶（2～3）。每口池塘配备1台功率3.0千瓦的增氧机或2台功率1.2千瓦的增氧机。其他要求同前所述。

2. 苗种放养

（1）**鱼种放养与消毒**　主养的鱼种选择全雄黄颡鱼，要求苗种体质健壮，体表无伤无病，规格一致，一次性放足，一般每亩放养4 000尾左右，鱼种规格为 10～15 克/尾。鱼种下池 15～20 天后，搭配投放一些与黄颡鱼在生态和食性上没有冲突的滤食性鱼类，充分利用池塘水体空间的同时可以调节水质，每亩搭配体长 15～20 厘米的白鲢 80～100 尾（冬春季放养），花鲢寸片 700～800 尾（6 月下旬放养）。黄颡鱼种转运、放养工作在 12 月或翌年 3 月完成，水温 10℃左右。捕捞、运输、秤重时动作要轻，尽量避免鱼体受伤。远距离鱼种运输用活鱼车运输，近距离转运应带水运输。鱼种放养时用 15～20 毫克/升的聚维酮碘溶液或 2%～4% 的食盐溶液等浸泡消毒，以杀灭鱼体表的细菌和寄生虫，同时预防水霉病的发生。下塘时，运输鱼种的水体温度与放养池水体的温差不超过 3℃。

（2）中华鳖的放养与消毒　为保证中华鳖当年上市，与黄颡鱼混养的鳖种一般在温室内越冬养殖，在每年的 4 月底至 6 月初待水温稳定在 20℃以上时，选择晴好天气放养，每亩放养规格为 250～400 克/只的鳖 100～150 只。鳖种要求规格整齐，体质健壮，反应灵敏，体表无病无伤，体色亮泽。鳖种用 20 毫克/升的高锰酸钾浸泡 5～10 分钟。

3. 饲养管理

（1）饲料投喂　饲料投喂以黄颡鱼配合饲料为主。由于黄颡鱼的食性为杂食性偏肉食性鱼类，在完全使用人工配合饲料投喂前，必须进行人工驯化。驯化过程一般需 7～14 天，前期以鱼肉、动物内脏等动物性饲料为主，以配合饲料为辅，顺利让其集群摄食。投喂时用声音刺激，让其形成条件反射，然后逐步提高配合饲料的使用比例，直至完全使用配合饲料投喂。目前，池塘主养黄颡鱼多使用膨化颗粒饲料投喂，具有省工省时、对养殖水体污染小、浪费少和饵料系数低等优点。黄颡鱼人工配合饲料主要营养指标见表 3-10，饲料粒径大小根据鱼体的大小而定，膨化饲料应投在固定的食场内，食场用无节密网布和竹竿围成，面积 200 米^2 以上，以最大限度地减少饲料浪费，提高投喂效果。中华鳖食性为肉食性，人工养殖多以粉末状配合饲料为主。为改善商品鳖的品质，在温棚养殖后期以及池塘养殖过程中辅以一定数量的白鲢、小龙虾等动物饵料。中华鳖配合饲料揉搅成团状投在专用食台上，离水面 15 厘米左右，日投饲量为中华鳖体重的 2%～3%，白鲢等动物饵料搅成鱼糜拌和在饲料中（幼鳖）或剁成条块状直接在食场抛洒投喂（成鳖），日投饲量为中华鳖体重的 3%～6%。投喂工作在黄颡鱼摄食结束后进行，且中华鳖的食台需远离黄颡鱼食场。8：00～9：00 和 16：00～17：00 各投喂 1 次，每次投喂量以 1 小时左右吃完为佳。

表3-10　黄颡鱼全价配合饲料主要营养指标

鱼种规格	粗蛋白（%）	脂肪（%）	粗纤维（%）	碳水化合物（%）	动植物蛋白比
3厘米	50～52	5～7	3～6	20～22	5:1
5～8厘米	48～50	6～8	3～6	20～24	4:1
20～30克	45～48	8～10	4～8	20～24	3.5:1
40～50克	38～40	8～10	4～8	24～28	3:1

（2）日常管理　坚持早、中、晚3次巡塘，认真观察和记录鱼类和中华鳖的活动、摄食与生长情况，发现问题及时处理。每天扫除食台上残饵，并每隔2～3天清洗1次，保持食台清洁。生产中通过加注新水、施肥、泼洒药物或开增氧机等手段来改善水质，预防疾病和浮头现象。最好每隔10天注入新水10～15厘米，在阴雨、暴雨、闷热天的夜晚要适时打开增氧机，防止黄颡鱼泛塘。长期投饲配合饲料，池塘水质会逐渐恶化，对黄颡鱼的生长不利，可以使用生石灰来调节水体的酸碱度，一般为每半个月用1次，每次用量为每亩15～20千克。

（3）病害防治　黄颡鱼抗病力强，疾病少，但饲养管理不善也会发生病害，造成损失。鱼种放养后，用二氧化氯对鱼池进行药物泼洒消毒，池水药物浓度达0.4毫克/升，同时，在饲料中添加抗生素或中草药以预防鱼病，以后每20～30天进行1次预防。一旦发生鱼病，诊断后及时进行药物治疗。黄颡鱼对常用水产药物忍受能力不及四大家鱼，因此，对黄颡鱼用药一定要严格控制用量，防止黄颡鱼因中毒而死亡。黄颡鱼对硫酸铜、敌百虫等药物比较敏感，尤其要慎用，计算用药量时一定要准确。全池泼洒药物，多在晴天的9:00～10:00进行。

4. 捕捞　每年11月，排去部分池水，先起捕鱼类，再干塘捕捉中华鳖。

（三）中华鳖与锦鲤混养

该模式利用室外池塘，在养殖中华鳖的同时套养日本锦鲤，是提升养鳖模式经济效益的有效手段，也为日益增长的都市休闲渔业所需的观赏性市场提供优质锦鲤。锦鲤为中层鱼类，利用水体的中上部，对养殖水质的要求较高，可以摄食中华鳖的残饵。而中华鳖大多利用池塘的底层和四周岸边，鳖池的水质清新，正好能满足锦鲤的需求。挑选淘汰和病弱的锦鲤苗种，可以作为中华鳖的鲜活饵料，不会造成浪费，且能起到有效的防治作用。该模式生产的商品中华鳖品质优，市场价格高，经济效益好。其主要技术要点如下：

1. 池塘条件　鳖池条件同前所述。此外，还需配套准备锦鲤苗种池塘，一般选择闲置的幼鳖池塘进行，每口池塘的面积在 1～2 亩，要求池底平整，无野杂草，排灌方便。

2. 清塘整理　每年冬季放干池水，清淤，保留 10～20 厘米淤泥，深翻冻晒杀灭致病细菌、虫卵。翌年春季 4 月，将准备好的池塘用生石灰化水泼洒消毒，每亩用量 100～150 千克，带少量水清塘。清完塘后不加水，并要控制在基本干塘的状态，待用。

3. 放养前准备　放养前 1 个月给池塘加水，注水后施足底肥，用量为 100～200 千克/亩，培养浮游植物及枝角类，并按 1∶5 的比例搭配规格为 100～150 克/尾的花、白鲢 100～120 尾调节水质。有条件的地方应投放和培养螺蛳、蚬蚌，作为鱼鳖的天然饵料。

4. 套养锦鲤的培育

（1）时间　每年 5 月中旬至 6 月中旬，从专业锦鲤饲养繁殖者处购入高品质的锦鲤乌仔。乌仔放养前 7～10 天给准备好的池塘加水，注水后施肥，待枝角类大量繁殖后将锦鲤乌仔放入，密度为 1 万～1.5 万尾/亩。

（2）日常管理　与普通鲤培育相同，等池塘内枝角类被鱼吃完后，开始投喂鲤开口料、破碎料。每天 3 次，投喂量按鱼体重的 5%～8%。饲料蛋白含量要求达到 36% 以上，有条件的最好能投喂锦鲤专用料。

（3）筛选　锦鲤乌仔生长到 40 日龄后开始，每 15～20 天挑选 1 次。一选淘汰完全没有花纹的小鱼（淘汰率 20%）；二选挑选有一定商品性花纹的鱼（选出率 50%）；三选是从二选挑出的鱼中，选出品质达到 A 级的商品鱼（选出率 10%）。套养的锦鲤只选用 A 级鱼；一选和二选淘汰下来的锦鲤鱼苗可以作为饵料投喂给鳖；三选淘汰下来的小鱼，可以放在锦鲤苗种培育池中培育成大规格鱼种按斤出售。

（4）套养规格　体长为 10 厘米/尾的锦鲤鱼种，可放入种鳖规格为 100～150 克/只的鳖池套养，密度为 300 尾/亩，养成规格为 25～30 厘米/尾；体长为 20 厘米/尾的锦鲤鱼种，可放入种鳖规格为 300 克/只的鳖池套养，密度为 200 尾/亩，养成规格为 35～45 厘米/尾。

5. 中华鳖的养殖

（1）放养时间　每年 5 月中下旬，待室外池塘的水温上升到 17～19℃ 以后，将越冬后的种鳖放入准备好的生态鳖池。

（2）养殖密度　规格为 100～150 克/只的种鳖，每亩放养 1 000～1 500

只，养成规格为 500～600 克/只；规格为 200～300 克/只的种鳖，每亩放养 800～1 000 只，养成规格为 700～1 000 克/只。

6. 套养后的管理

（1）中华鳖的投喂　同前所述。

（2）锦鲤的投喂　由于套养的数量少，锦鲤不需要特别投饲，可以中华鳖的残饵以及螺蛳、蚬蚌等天然饵料为食。但为了便于观察锦鲤的生长和色泽、花纹的变化，最好是在池塘的一角用密闭的 PVC 管做 1 个漂浮性的饵料台，每天 1 次投喂锦鲤的专用膨化料，诱导锦鲤浮上水面吃食。投喂量为鱼体重的 2%，时间为每天的 12：00～14：00。

（3）巡塘　要坚持每天认真巡塘。早晨巡塘观察水色，测量水温，缺氧浮头情况。日间巡塘观察鳖和鱼的吃食情况，并根据吃食的情况及时调整投饲量。发现生病的鳖和鱼及时隔离，并采取相应的治疗措施。夜间巡塘检查防逃情况。

（4）防病治病　养殖过程中不使用禁用和限用药物。定期使用生石灰，调节 pH 在 7～8，用量为 5～10 千克/亩，每半个月 1 次。泼洒 EM 菌等微生态制剂，调节水底菌群平衡，及时分解残饵、氨氮、亚硝酸盐等有害物质，保持水质清新。定期加注新水，保持透明度 20～30 厘米，水色嫩绿色为佳。在饵料中掺拌黄芪多糖等提高免疫力，增强抗病能力的中草药预防疾病。定期为饵料台、器械用具进行消毒。

7. 起捕收获　每年的 11 月，中华鳖和锦鲤都达到商品规格后起捕，根据市场行情分批分期出售。部分可留在池塘中等翌年 3 月以后再起捕出售。

第四章
中华鳖其他养殖模式

第一节 虾鳖混养模式

虾鳖混养，是利用养虾池塘在养虾的同时混养中华鳖的一种节本高效养殖新技术。该技术的核心是充分利用了池塘养殖空间水体，以及虾与鳖两种不同食性的物种间的生存竞争关系，实现了共存互利。该技术最初起源于在南美白对虾发病严重的池中放养鳖种，以尝试挽回养殖损失。结果发现，对虾养殖后期的发病率降低，抗台风等灾害性天气的适应性增强，南美白对虾养殖的抗风险能力明显提高。随着通过深入研究和改进，目前与中华鳖混养的虾主要有南美白对虾、日本沼虾和罗氏沼虾等，并逐步形成了一套较为完善的技术体系，已在全国各地推广应用。

一、混养虾类的主要特性

1. 南美白对虾（*Penaeus vannamei* Boone，1931） 学名凡纳滨对虾，为热带虾种。其生命力强，适应性广，肉质鲜美，既可活虾销售，又可加工出口，加工出肉率达 65% 以上，目前已成为我国主推养殖品种之一。南美白对虾对营养要求低，饵料中蛋白质的含量占 20%～25% 时，即可满足其正常的生长需求。养殖适温为 23～32℃，在逐渐升温的情况下可忍受 43.5℃ 的高温，但对低温的适应性一般，18℃ 时停止摄食，9℃ 时开始出现死亡。其盐度适应范围为 5～45，最适盐度范围为 10～25，经淡化驯养后可在淡水中正常生长。南美白对虾对 pH 的适应范围为 7.3～8.6，最适 pH 为 8.0±0.3，pH 低于 7 时，其活力下降。养殖要求水质清新，水色以绿色或红棕色为佳，水体溶氧值大于 4.0 毫克/升，不得少于 2.0 毫克/升。在合理密度和饲料充足的条件下，放养 0.7 厘米的淡化虾苗，经 3 个月左右的养殖，即可养成商品虾上市。

2. 日本沼虾（*Macrobrachium nipponense*） 也叫青虾、河虾。其肉质细嫩，味道鲜美，营养丰富，是一种易繁殖、养殖周期短的水产品，深受广大群众喜爱。日本沼虾广泛分布于淡水湖泊、池塘和河流中，喜欢在多水草、清瘦的浅滩水域中生活，游泳能力较弱，只能作短距离的游动。能忍受不低于 0℃的水温，喜食各种人工颗粒饵料，可投喂如米糠、麸皮、豆饼、花生饼、豆腐渣、麦粉和酒糟等植物性饵料，尤其喜食蚯蚓。水温超过 10℃时开始摄食，水温 20～30℃的摄食强度最大、生长旺盛；水温降至 8℃以下时，停止吃食并进入越冬期。其生长速度较快，一生中蜕壳约 20 次，每蜕壳 1 次虾的体长就增加 1 次，一般 5～6 月孵化的虾苗，15 天左右完成变态，20 天左右可达 1 厘米，40～50 天可以达 3 厘米左右，并且性腺开始发育成熟。到当年 10 月，雄虾可以长到 5～6 厘米，体重 3～5 克。生长满 1 年的雄虾体长达 7 厘米以上、雌虾 8 厘米以上，体重 7 克以上。

3. 罗氏沼虾（*Macrobrachium rosenbergii*） 一种优良的热带淡水虾，具有食性广、个体大、生长快、病害少、适应性强、生产周期短、养殖性能优良、味鲜美和营养丰富等特点。罗氏沼虾喜暖怕冷，对水温有颇强的敏感性。一般来说，罗氏沼虾生存的水温范围为 15～35℃，生长最适水温为 25～30℃，致死温度的上下限分别为 38℃和 14℃。但温度超过 33℃或低于 18℃则活动减弱，摄食减少，生长缓慢，死亡率增大。其食性杂而广，偏食动物性饵料。在人工饲养的条件下，以投喂商品饲料为主，天然饵料为辅。颗粒饲料中总蛋白质为 35%左右，其中，动物蛋白占 2/3 左右，植物蛋白占 1/3 左右。当年虾苗经 6 个月养殖，可达到规格 8～9 厘米，体重可达 20～25 克。

二、虾鳖混养的生态学原理

通过中华鳖与虾类的混养，充分利用两种生物不同的习性，提高了水体利用率，发挥最大的生物优势，从而提高养殖产量、经济效益和产品品质。虾鳖混养的生态学原理如下：

1. 根据虾鳖生活习性的不同，充分利用了池塘空间 中华鳖属于水陆两栖的爬行冷血动物，主要生活在水体底层，具有"晒背"习性，能在陆地上爬行、攀登，也能在水中自由游泳。10 月以后开始钻入下层底泥中冬眠，直至翌年 4 月开始苏醒后寻食。而虾类一般生活在水体中上层，喜在水中游泳。虾鳖混养充分利用了池塘的垂直空间，有效降低了单一品种的养殖密度，有利于中华鳖和虾类的生长，不仅提高了土地利用率，还可节省大量宝贵的土地。

2. 利用鳖捕食弱死虾，起到生物防病的作用　正常情况下，中华鳖难以摄食南美白对虾，但在虾类发病或生长蜕壳困难时，由于其活动能力下降，容易被中华鳖捕食。利用中华鳖摄食病虾、死虾，从而清除了对虾疾病的传染源，可以防止病原体的传播，因而大大降低虾病的发生概率，达到了生物防病的效果。

3. 充分利用了饲料，降低了池中饲料污染　中华鳖只能吞食大颗粒饲料，对于中华鳖料的残渣、粉末不能完全利用，这一部分饲料由对虾再利用，这样既提高了饲料的利用率，又降低了池中有机物的含量，从而稳定了水质。

4. 增加和调节水体溶氧量，改良了池塘的水质与底质　中华鳖是爬行动物，利用中华鳖喜钻泥、打洞的习性，使池塘中的底部淤泥经常地搅拌中，有机物经发酵挥发，这样使得池塘中底部有害物质大大降低。此外，中华鳖用肺呼吸，需经常性浮到水面交换气体，使上下水层充分交换，从而平衡各水层中溶氧量，既防止由于上层水中浮游植物旺盛的光合作用导致过饱和氧的逸出，又可弥补下层水的"氧债"，增加了水体底部的溶氧量，加之鳖在池底的活动，不仅促进池底的有机物正常分解，减少氨氮、亚硝酸盐、硫化氢等有害物质的积累，改良了水质与底质。

三、虾鳖混养的主要技术

（一）池塘条件与改造技术

1. 池塘条件　为了提高规模效益、方便管理，应选择集中连片的池塘为好。虾鳖混养池大小没有特别规定，一般单池水面以 10～15 亩为宜，便于饲养管理和水质调控。池塘的形状以东西方向的长方形为好，可有效减少水面的风浪；宽度不宜超过 20 米，池深 1.5～1.8 米，塘埂坡比为 1∶（2.5～3），池底以壤土为好，淤泥深 0.2～0.3 米，不宜过多。为了便于排水、捕虾，池底中央开 1 条 1 米宽、0.6 米深的集虾沟。配备增氧设施齐全，一般每亩面积配套叶轮式增氧机的功率为 0.75～1.5 千瓦，或盘式底增氧设施功率为 0.1～0.15 千瓦。

2. 防逃设施建造　中华鳖具有用四肢掘穴和攀登的特性，防逃设施的建设是虾鳖混养的重要环节。应在选好的池塘周围用砖块或水泥板建造成 T 形高出地面 50 厘米的围墙，或用铝扣板等材料围成，四周圆弧形，以避免中华鳖攀爬逃逸。

3. 饲料台和晒背台设置 每养殖 80 只中华鳖需设置饲料台 1 台，饲料台设置方法和材料为：在塘埂斜坡面铺设 1.5 米×4 米石棉瓦 1 块，四角用细木桩固定并打入土中，尽量使捕设的石棉瓦平面与水面呈 20°～25°角，中华鳖摄食期间石棉瓦底部入水深 0.5 米。除饲料台可兼作晒背台外，还应建设一定数量的晒背台。晒背台一般使用石棉瓦或竹木搭建，制作成龟背形，用竹竿或木桩固定。晒背台面积按池塘内中华鳖放养量确定，原则上成鳖养殖池每 200 只按 1 米^2 设置，幼鳖养殖池每 400 只按 1 米^2 设置，稚鳖池每 1 000 只按 1 米^2 设置。

（二）放养前准备工作

1. 清塘消毒 池塘清淤修整完毕后，进行曝晒。在放苗前 20～30 天，用生石灰进行全池泼洒消毒，用量为 200～250 千克/亩；或用漂白粉消毒，用量为 15～20 毫克/升，以清除池塘内的敌害生物、致病生物及携带病原的中间宿主。

2. 培育基础饵料 放苗前 1 周，用 80 目尼龙筛绢网过滤进水 80～100 厘米，施肥培肥水质，使水体透明度在 30～40 厘米，水色呈茶褐色或黄绿色。

（1）施肥方法 一般亩施高效育藻素 2 千克或高效培水灵 250 毫升兑水全池泼洒，或者使用尿素、过磷酸钙等化肥或复合肥和发酵鸡粪等有机肥。新塘施有机肥并结合使用无机肥，老塘可施无机肥。有机肥需经过堆放发酵后使用，用量为 300～500 千克/亩，氮磷无机肥比例为（5～10）∶1，首次氮肥用量为 2～4 毫克/升，以后 2～3 天再施 1 次，用量减半，并逐渐添加水。

（2）施肥原则 平衡施肥，提倡施用有机肥；控制施肥总量，水中硝酸盐含量控制在 40 毫克/升以下，透明度 30～40 厘米；有机肥需经熟化、无害化处理；未经国家或省级农业部门登记的化学或生物肥料不得使用。

3. 种植水生植物 水生植物不仅可作为幼虾的隐蔽场所，也是成虾的蜕皮和栖息场所，此外，水草还可控制和改善养殖水体的生态环境。因此，在日本沼虾和罗氏沼虾池塘中应种植一定比例的水草，以适应日本沼虾和罗氏沼虾生长栖息的要求。一般 3 月底或 4 月初，在离塘边 1 米的浅水地带沿塘四周种植水花生、空心菜和水葫芦等水性植物，草带宽 1 米左右，面积占塘面 20%～30%。

（三）苗种质量要求

1. 中华鳖质量要求　同第三章所述。

2. 日本沼虾种苗质量要求　目前，养殖日本沼虾的种苗有三个来源：一是投放后备亲虾或抱卵虾，自繁、自育、自养；二是放养上年养殖未达上市规格的幼虾；三是从国家级新品种培育单位、省部级原良种场、规模化繁育基地或有资质的育苗场等购买虾苗放养。放养的抱卵虾，其质量要求如下：选择体长 5 厘米、体重 2.5 克以上的健康抱卵亲虾个体作亲本，要求规格均匀，以直接从湖泊、外河中通过抄网、虾笼或虾罾等渔具收集抱卵虾或从原良种场购买为宜。抱卵虾应选择卵粒绿色或橘黄色、颜色一致的个体。

3. 罗氏沼虾苗种质量要求　罗氏沼虾苗种生产单位因受生产条件如亲虾、水质等及技术水平的制约，生产出来的虾苗差异性较大，选购时一定要选择质量好的虾苗进行运输。体质好的虾苗形体正常，规格整齐，体色透明，活动能力强；而体质差的虾苗大小不齐，攀附能力弱，肉眼能见到明显的畸形。罗氏沼虾幼体变态为虾苗后，需要适时进行淡化处理，生态条件将发生急剧变化，部分体质较差的虾苗，由于适应力差，随着时间的推移会相继死亡，或被体格健壮的虾苗所残食，因此，应选购淡化彻底、而且淡化时间稍长一点的虾苗。一般准备包装起运的虾苗，淡化时间不能低于 24 小时。建议在购苗前，还应到生产地点了解虾苗的淡化情况，如果没有仪器，临时可凭经验用口尝一下虾苗池里的水，感觉没有咸味，表明该池虾苗已基本淡化完毕。虾苗运输工具有塑料袋、帆布篓和铁桶等，装运密度依虾体大小、水温高低和运输路线长短而定。当前多采用塑料袋充氧密封运输，操作方便，效果很好。袋内盛水 6 千克左右（可容水 20 千克），装进虾苗并充足氧气后，放入纸箱内，外用包装袋捆牢，总重 7～8 千克，即可上车（汽车、火车）或飞机运输。虾苗由于体质幼嫩，窒息点为 0.96 毫克/升（水中溶氧），明显高于主要养殖鱼类，加上又有相互残食的习性，所以虾苗装运密度远比鱼类种苗要低。多年来，在大量长距离运输中，水温为 22～26℃时，一般每个塑料袋装苗 3 000～5 000 尾，成活率 90％左右，虾苗下塘后游动正常。运输时间的长短，直接影响着每袋装苗数量。装运时间 10 小时左右，密度为每袋 4 500～5 000 尾；装运时间 20～30 小时，密度为每袋 2 500～3 000 尾。

4. 南美白对虾苗种质量　健康的苗种，是南美白对虾养殖成功的关键。在选购南美白对虾种苗时，要弄清亲虾来源，一般选质量好的良种亲虾，不带任何特异性病原体，培育出的虾苗生长快，免疫力强。虾苗要求体长在 0.8 厘米以上，规格整齐，体壮、活力好，体表光洁，体躯透明度大，体色正常，拍打苗池水面虾苗会跳跃，捞于桶内虾苗会沉底，对外刺激反应灵敏，游泳时有明显的方向性，胃肠食物饱满，全身无病。目前，海南、广东、福建等省份南美白对虾种苗品牌和生产厂家越来越多，且质量良莠不齐，养殖户缺乏质量检测仪器，因此，在购苗时需要选择有资信的苗种场，并掌握虾苗质量鉴别的常用方法。

（1）肉眼观察虾苗的活力：一看其游动速度和游泳足摆动力度。如果游动速度较快，游泳足摆动较为有力，则活力较好；反之活力较差。二是观察其逆水性，方法为取一圆形容器（如白水瓢），将虾苗和水放入其中（虾苗不要太多），搅动水转动，若虾苗都逆水而游，则活力较好；若很多顺水漂或者沉在中间，则活力较差。三是取 100 条左右虾苗置于湿毛巾中，静置 10～15 分钟，检查其成活率。成活率越高，虾苗质量越好；成活率低，虾苗质量就差。

（2）肉眼鉴别虾苗的抗应激能力：取纯淡水，将虾苗放入其中，半小时后观察其成活率（如果虾苗本身所处的盐度就已经很低，则时间也应适当加长），虾苗存活率越高，则说明虾苗的抗应激能力越强；反之则越弱。

（3）肉眼观察虾苗身体的透明度，若虾苗透明度好，没有肌肉白浊现象，身体表面没有附着物，则虾苗比较健康；反之，则应进行进一步观察。

（4）肉眼观察虾苗头上是否有残余的壳没有褪干净，若有，则说明虾苗体质较弱；若无，则说明虾苗体质较好。

（5）肉眼观察虾苗肝胰脏和肠道，若很饱满，颜色较深且和饵料颜色差不多（吃红虾片的为红色，黑虾片的为黑色），肠道内有 1/2 以上饱满，则说明虾苗摄食情况很好；若肝胰脏颜色较浅，肠道内空虚，则说明摄食情况较差，虾苗可能存在问题。虾苗刚蜕完壳时，肠道内是没有食物的，但是肝胰脏还是饱满的，这是正常现象。

（6）看虾苗的"肥瘦"，即专业术语中的肌肉肠道比。虾苗显得越"胖"，则虾苗营养越好，反之越差。但要注意的是，虾苗的肌肉肠道比往往和种虾的性状特征有关系，不能一概而论。

（7）虾苗出完，放苗进塘之前，用透明的杯子打一杯观察。若发现很多蜕壳现象，则说明虾苗抗应激能力较差，否则说明较强。

（8）肉眼观察虾苗的规格大小、整齐均匀度。虾苗规格苗体一般掌握在 0.8 厘米以上，要求相对整齐和均匀。

（四）混养技术

1. 南美白对虾池塘混养中华鳖

（1）**养殖模式安排**　南美白对虾与中华鳖混养，主要有三种模式：

①模式一：鳖主虾辅型。中华鳖的亩放养密度一般在 400～800 只，南美白对虾苗 3 万～5 万尾/亩；每亩可收获白对虾 100 千克左右，上市规格大；中华鳖成活率 80% 以上。

②模式二：虾鳖并重型。中华鳖的亩放养密度一般在 100～300 只，南美白对虾苗 4 万～7 万尾；每亩可收捕白对虾 200～400 千克；中华鳖成活率 85% 以上。

③模式三：虾主鳖辅型。中华鳖的亩放养密度一般在 50～100 只，南美白对虾苗 6 万～7 万尾，并可搭养 30～50 尾鲢、鳙或 10～20 尾鲴、鲇或 50～100 尾黄颡鱼等。该模式南美白对虾单产高的可达 500 千克/亩，但不稳定；中华鳖的成活率超过 90%。

（2）**苗种放养**

①虾苗放养：选择活力强、体质壮、不带病，胃部和肠道饱满的健康虾苗进行放养。同时，要求将虾苗淡化到盐度 3 以下，个体规格最好在 1 厘米左右。先将养殖池水放入试苗盆中，再将选定的淡化苗放入其中，经过 12 小时以上的观察，若未出现死苗现象则可放苗；若出现死苗现象，则应查找原因。虾苗的放养一般在 5 月上旬至 6 月上旬、水温 18℃以上的晴天上午或是傍晚进行。在池塘的上风口，将苗袋放入池塘中，待苗袋中的水与池水水温基本一致后，再将虾苗缓缓放入池塘中。放养时温差不宜超过 2℃，否则影响虾苗的成活率。

②鳖种放养：宜放养中华鳖日本品系品种，规格一般要求在 250 克/只以上。中华鳖混养一般在 6 月上旬开始进行，还可搭养少量吃食性鱼类和滤食性鱼类，规格一般要求在 50 克/尾以上。吃食性鱼类放养，应在南美白对虾长到 3 厘米以上时或者虾苗放养时间超过 30 天后，再行放养；滤食性鱼类的放养时间，没有严格要求。

（3）**科学投饵**　根据养殖模式的不同，饵料投喂需视具体情况进行相应调整：

①鳖主虾辅模式：管理以中华鳖为主。前期，虾苗下塘后，选用 0 号料投喂，每天分早、中、晚投饵。在幼虾期投喂幼虾配合饲料。中华鳖放养后，第二天即可投喂配合饲料，同时停止投喂虾料。生长旺期每天投喂 2 次，平时投

饲1次。日投饵量控制在存池鳖重量的 4%～8%，投饵量根据天气、水质和中华鳖的生长等情况灵活掌握。

②虾鳖并重模式：管理以中华鳖、对虾两者并重兼顾。虾苗下塘后，前期投喂同上；中期改用南美白对虾 2 号料；后期投喂南美白对虾 2 号料和 3 号料，确保虾类整个生长周期中对营养的不同需求。每天早、中、晚投饵 3 次，晚上投喂量占全天投喂量的 60%～70%，同时，根据天气、水质、虾的生长蜕壳等情况适时调整。中华鳖在放养后第二天，即可投喂配合饲料，每天投喂 2 次，先投鳖饲料，1 小时后再投喂虾饲料，让鳖尽量在较为安静环境下摄食。

③虾主鳖辅模式：南美白对虾投喂与第二种养殖模式一样。中华鳖在放养后第二天即可投喂配合饲料，每天投喂 2 次，半个月后逐步减少，1 个月后完全停止投喂鳖配合饲料，到对虾起捕后改投喂新鲜小杂鱼、动物内脏等，投喂量以 2～3 小时吃完为宜。

（4）水质管理

①定期换水：养成前期，每天添加水 3～5 厘米，直到水位达 1 米以上，保持水位；养成中、后期，虾池每隔 10～15 天加换新水，每次换水 1/5～1/4，抽取底层水。6～8 月，每 10 天换水 1 次，每次换水量不超过 20%。换水时，保持水位相对稳定，同时使池水水质符合养殖要求。一般要求 pH 在 7～9，溶解氧在 4 毫克/升以上，氨氮 0.5 毫克/升以下，亚硝基氮 0.02 毫克/升以下。肉眼观察水体透明度在 30～40 厘米，水色黄禄色或黄褐色，呈鲜活嫩爽的感觉。

②化学调节：每隔半个月，全池泼洒生石灰 15 毫克/升，调节池水 pH、增加蜕壳所需钙质，与漂白粉 1～1.5 毫克/升或二氧化氯 0.3～0.4 毫克/升交替使用，以消毒水体。同时，根据水质情况不定期使用沸石粉等底质改良剂。

③生物调节：根据池塘水质和养殖对象生长情况，不定期泼洒光合细菌、有效微生物（EM）等有益微生物制剂改善水质，用法及用量参照使用说明。

（5）捕捞上市　第一种模式到 10 月中下旬，中华鳖活动能力减弱后用地笼起捕；第二种模式到 9 月开始陆续的起捕，即用拉网或地笼起捕虾类，陆续捕到的中华鳖需转到另塘作专池暂养，或可一直持续到春节前后甚至跨过年度捕捉等；第三种模式是根据白对虾生长情况及时收捕，一般用拖网，最后干塘徒手捕捞完毕，大都能达上市的大规格商品。

（6）注意事项

①忌防缺氧浮头。混养塘一经浮头，尽管未导致南美白对虾死伤，可致使

中华鳖摄食对虾量大增，其损失会超过"专养塘"。

②一旦南美白对虾达到商品规格，要及时分批分期捕捞，捕大留小；当寒潮侵袭时，气温温差在8℃以上时，不能捕虾；当水质突然变坏或是虾出现不正常现象时，要尽快提早捕虾。

③采用地笼捕虾时，应将地笼入口处用直径为6毫米的钢筋做成8～10厘米箍与地笼网连接进行阻隔，或者在地笼入口处用网目为6～8厘米聚乙网阻隔，防止鳖爬入地笼。用牵网捕虾时，则可先用网目大于5厘米的牵网捕鳖，再用牵网捕虾。

④在水温下降至16℃以前，应将虾全部捕捞完毕。

2. 中华鳖与日本沼虾混养

（1）苗种放养　应选择晴天的清晨或阴天不闷热的时候进行。一般5月中旬水温高于20℃时放养中华鳖，亩放养规格150～250克的幼鳖60～100只。5月中旬放养抱卵青虾，亩放养抱卵青虾4～6千克；或7月放养当年培育的青虾苗，亩放养体长1厘米左右的虾苗5万～6万尾。同时，套养花、白鲢鱼种40～50尾以调节水质。

（2）饲料投喂　掌握好虾鳖养殖的投饵技术，既可以提高虾鳖的生长速度，又可以增强虾鳖的抗病力，一举两得。坚持定质、定量、定点、定时、定人的方法投喂；水质不好、天气闷热、大雨时少投或不投；春秋两季，气候凉爽，水温略低，白天中午吃得多，要多喂；晚上少吃，要减少投喂。夏季气温、水温相对较高，白天中午、下午吃得少，相对少喂；晚上、早上吃得多，可多喂。不论什么季节，凡是碰上刮风下雨天，都要减少投喂。青虾大批蜕壳后足量投喂。中华鳖的投喂方法为设饲料台，每天将饲料投入台上；青虾则沿池塘四周洒喂。中华鳖高温季节的投料时间，应在日出前投完和日落时开始投喂为宜，待其吃饱后，后投喂青虾饲料，一般为8：00、17：00～18：00。青虾人工投饲一般每天2次，天气进一步转凉变短时，每天投喂中华鳖2次要逐渐变成投喂1次。青虾投喂量分别为全天饵料的30%、70%，日投量可按体重的5%～8%计算。一般初夏和晚秋可以少投，生长旺季多投。天气晴朗活动正常、摄食旺盛则应多投；阴雨天气应少投。中华鳖的投喂量一般为体重的2%～2.5%，根据实际情况酌情增减。

（3）水质管理

①水位控制：适时注排水，根据季节、气温调节水位。池塘水位确定原则为春浅（60厘米左右）、夏深（1.5米）、秋勤（80厘米）、冬保（1.5米）。

②池塘增氧：除加注新水外，根据天气和虾活动情况掌握增氧机的开机时间，即晴天中午开，阴天清晨开，连绵阴雨半夜开。高温季节或不好天气适时开启增氧机，确保养殖水体溶氧含量充足。

③新水灌注：春末、夏初，每 10～15 天换水 1 次，每次换水 1/3；6～8月，每周换水 1 次，每次换水 1/3～2/3。

④其他要求：每隔 15～20 天，用生石灰 15 千克化水水体 1 次；施用光合细菌改善水质，清塘后底施 5 千克。水质过清及时追肥，发酵过的有机肥每次每亩数十千克或每亩尿素 2.5 千克加过磷酸钙 5 千克，少量多次，应于上午加水均匀泼洒为宜，不宜施碳酸氢铵。在整个饲养期间，池塘始终保持水质清新，溶氧丰富，透明度控制在 30～35 厘米，pH 在 7.5～8.0，水体颜色黄绿色为宜。

（4）日常管理

①加强巡塘：每天早晚巡塘，闷热天气增加半夜巡塘，主要观察及检查日本沼虾的活动，蜕皮和摄食情况；水质情况；防逃、防漏及敌害生物情况等。

②做好病害防控：在池塘生态养殖环境下，中华鳖、日本沼虾基本没有病害发生，7 月上旬需施用 0.75 克/米³ 的纤虫净 1 次，以清除中华鳖、日本沼虾、水草上的纤毛虫。平时，坚持"以防为主、健康管理"原则，每隔 15～20 天用生石灰、二溴海因及 EM 原露等环保药物交替消毒 1 次。定期在饲料中轮换添加 1% 的维生素 C、超碘季铵盐及免疫多糖等，以增强抗病能力。发现病害立即查明病因，做到正确诊断，对症用药治疗。

（5）捕捞　日本沼虾采用轮捕疏养、捕大留小的原则进行捕捞。第一批养殖的日本沼虾在 4 月开始选捕，到 7 月中旬结束；第二批养殖的日本沼虾从 9 月开始选捕，到 10 月结束（一般每半个月选捕 1 次）。中华鳖一般在冬季捕捞。

3. 中华鳖与罗氏沼虾混养

（1）苗种放养　在 5 月上旬，每亩放养规格 1 厘米左右的罗氏沼虾 5 万～8 万尾；5 月下旬，再每亩放养中华鳖 200～400 只。

（2）投饲管理　平时罗氏沼虾日投 1 次；日投喂中华鳖饲料 2 次，经常要检查吃食情况，具体根据天气、饵量、水质状况等情况而定。并尽量让中华鳖要有安静的环境下摄食，以利于生长。

（3）水质管理　根据池塘水质情况，要适量进换池水，每隔 15 天使用 1

次生物制剂，中后期多开塘氧机，保持上下层池水有充足的溶解氧和良好的环境条件。特别是透明度应控制在 25 厘米左右；水色以油绿色为佳。

（4）病害防治　贯彻"以防为主"的原则，用塘氧机、微生物制剂等物理的、化学的手段来调节水质，以营造良好的池塘生态环境。养殖期间要每月泼洒生石灰、二氧化氯等进行消毒。

（5）日常管理　坚持每天早晚巡塘，检查水质、溶氧、吃食和活动的情况，发现情况及时应对，特别是雷阵雨、暴风雨天气时要密切注意缺氧。

（6）适时捕捞　根据天气变化及时捕大留小，保持合理养殖。在 7 月上旬当罗氏沼虾规格达到每千克 120 尾时就开始用牵网轮捕上市，中华鳖在越冬前进行起捕。

第二节　鳖稻共作养殖模式

鳖稻共作养殖模式，是指利用生态学原理，将中华鳖养殖和水稻种植有机结合在一起，实现养殖、种植相互促进，综合效益大幅提升的一种新型综合种养模式。通过水稻与中华鳖的种养结合，中华鳖能摄食水稻病虫害，水稻又能将鳖的残饵及排泄物成作为肥料吸收，改良了养殖环境，使得稻鳖的病虫害明显减少，大幅降低农业生产面源污染，提高产品品质和农业经济效益，实现了"千斤粮百斤鱼万元钱"，既稳定粮食生产，又增加农民收入，经济、社会和生态效益显著，符合美丽中国和现代农业建设需求。

一、鳖稻共作的模式安排及生态效益分析

（一）鳖稻共作的模式安排
鳖稻共作模式安排见图 4-1。

（二）生态效益分析
1. 病虫草害控制机制及实践　鳖稻共作模式对水稻病虫害的控害机制，可归纳为三个方面：一是中华鳖直接取食害虫，并且其活动刺激水稻抗性机制的产生与加强；二是水稻合理稀植方式，可以增加光照的利用和通风条件的改善，耐病性增强；三是系统生物多样性的综合利用，发挥了自然控制虫害的作用。从省级试点来看，鳖稻共作基本不使用农药，或使用 1～2 次，比传统水

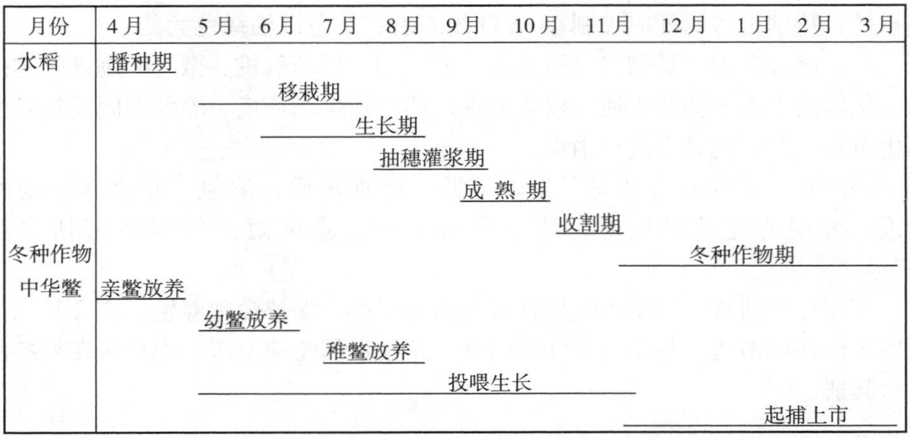

月份	4月	5月	6月	7月	8月	9月	10月	11月	12月	1月	2月	3月
水稻	播种期											
		移栽期										
			生长期									
				抽穗灌浆期								
					成熟期							
						收割期						
冬种作物									冬种作物期			
中华鳖	亲鳖放养											
		幼鳖放养										
			稚鳖放养									
				投喂生长								
								起捕上市				

图 4-1　鳖稻共作模式安排

稻单作的 4～6 次减少 50% 以上。田间通风透光性好，稻基部容易受到日光照射，基部环境不利于稻飞虱生存。中华鳖的昼夜不息活动，特别是夜间不断地拨动稻苗，妨碍了稻纵卷叶螟成虫在稻苗上的产卵。同时，鳖也有很强的吃虫、驱虫作用，稻飞虱在稻丛基部正是它攻击的对象。

2. 稻田土壤肥力的调控机理及实践　鳖稻共作模式可以增加土地肥力，其作用机理有两点：一是中华鳖的残饵、粪便和排泄物起到肥田的作用；二是中华鳖的活动有效改善稻田土壤的理化性状，有利于肥料和氧气渗入土壤深层，增加水稻对氮的直接吸收，起到提高肥效的作用。从省级试点实践情况可见，稻鳖共作模式不施用任何化肥，少数使用 1 次基肥加 1 次追肥，比常规水稻种植模式施肥总量要减少 44% 以上。

3. 生态防灾的作用机理及效果　鳖稻共作模式创造了一个减灾、避灾的人工生态防灾系统。一方面，稻田不仅可为中华鳖生长提供稳定的环境，还可提供躲避天敌场所；另一方面，鳖坑可以集雨蓄水供水，以及时补充干旱期的稻田水量供应，减轻和避免干旱灾害。

4. 节能减排效果及机理　鳖稻共作模式由于稻田中中华鳖的觅食等活动搅动了土壤，加强了土壤通气，减少了甲烷的产生量；减弱了因杂草和浮游生物的呼吸作用对水体溶解氧的消耗，使水体溶解氧增加，加快了甲烷的再氧化，从而降低了甲烷的排放通量和排放总量。

二、主要技术要点

（一）场地选择

鳖稻共作模式，可分为鳖池种稻和稻田养鳖两种类型。因中华鳖喜静怕惊、喜阳怕风、喜清洁的水域怕脏水，所以养鳖的池塘或稻田应选择在环境比较安静，且远离噪声大的公路、铁路、厂矿的地方，地势应背风向阳，避开高大建筑物。池塘或稻田的排灌条件比较好，水源充足，能及时灌入清洁的水，能及时排出污水；土质较好，渗水性差。此外，还应注意选择交通便利、物资容易运入、商品鳖容易运出的地方，并且有电源，保证用电的供给（图4-2）。

图4-2 鳖稻共作现场图

（二）稻田改造

苗种放养前，对稻田田块进行平整，加高、加宽田埂和完善进、排水系统等。利用挖环沟的泥土加宽、加高、加固田埂。田埂加高、加宽时，将泥土打紧夯实，确保堤埂不裂、不垮、不漏水，以增强田埂的保水和防逃能力。改造后的田埂，高度在0.5米以上（高出稻田平面），埂面宽1.5米，池堤坡度比为1：（1.5～2.0）。进、排水系统建设结合开挖环沟综合考虑，进水口和排水口成对角设置。进水口建在田埂上；排水口建在沟渠最低处，由PVC弯管控制水位，能排干所有的水。

（三）鳖沟（坑）建设

鳖沟（坑）是投喂饲料和中华鳖冬眠的场所。应在池塘或稻田内开挖鳖沟（坑），也可用田边的条沟代替。一般根据面积大小开成十字、工字、井字或口字形鳖沟（坑），宽度 1.5～2.5 米、深度 0.5～0.8 米，长度根据稻田面积确定，一般面积大小占整田面积的 10% 左右。为了便于机械化作业，应留好机械作业通道。

（四）防逃设施建设

中华鳖有用四肢掘穴和攀登的特性，防逃设施的建设是鳖稻共作模式的重要环节。养鳖纯土池或稻田需用内壁光滑、坚固耐用的砖块、水泥板、塑料板等材料做防逃围墙（图 4-3），墙高 50 厘米，并有 15～20 厘米插入土中，四角处围成弧形。顶部加 10～15 厘米的防逃反边。进、排水口安装金属或聚乙烯材料的防逃拦网。四周用砖石砌的养鳖池，近池沿部应呈垂直向，池沿设防逃反边。

砖砌防逃墙

石棉瓦围栏

塑料材质围栏

图 4-3　不同材质的防逃设施

（五）饵料台设置

在向阳沟坡处搭设鳖专用投饵台，采用水泥板、木板、竹板或聚乙烯板等搭建，或漂浮固定于水面，或设成斜坡固定于池边水面，使其一端倾斜淹没于水中，另一端露出水面。为防止夏季日光曝晒，在鳖专用投饵台上搭设了遮阳篷。

（六）水稻栽培

1. 品种选择　一般选用单季稻为好。4月底、5月初种植的水稻，宜选择植株矮、分蘖力强、穗形大、抗绿纹叶枯病的品种。6月及以后种植的水稻，一般推广的品种都可以使用。10月前收割的水稻，应选择感温性强的品种；10月底及以后收割的水稻，应选择感光性强的品种。对于已养过中华鳖的场地因其底质较肥，选择水稻品种以水稻生育期偏早、耐肥抗倒性高、抗病虫能力强、且高产稳产的早熟晚粳稻品种为宜，尤其是生产高品质米且栽培上要求增施有机肥和钾肥的水稻品种为好。以浙江地区为例，适宜的水稻品种主要有嘉优5号、嘉禾优555、甬优6号、甬优9号、甬优12号、中浙优8号、扬两

高产型——嘉优5号

优质型——嘉禾优555及嘉禾218

图4-4　几种适宜的水稻品种

优 6 号和两优 293 等（图 4-4）。

2. 种植时间 单季稻一般播种时间为 4～5 月中旬，移栽时间 5 月为宜。具体时间根据当地气候条件、农事节点安排和水稻品种等条件作适当调整。

3. 育秧 一般采用工厂化育秧。具体育秧方法如下：

（1）育秧前准备

①育秧棚及育秧地选择：要选择地势平坦，背风向阳，排水良好，水源方便，土质疏松的偏酸性、无农药残留的园田地或旱田地及房前屋后的地块做育秧田，秧田长期固定，连年培肥消灭杂草。

②秧田与本田比例：一般为 1∶（70～90），每公顷本田需育秧田 70～90 米²，按照机插 450～500 盘/公顷用秧量育秧。

③棚及苗床规格：推广大棚育苗，床宽 6.5 米、长 60 米、高 2 米，步行过道宽 0.3～0.4 米。

④整地制作秧床：提倡秋整地做床，春做床的早春浅耕 10～15 厘米，清除根茬，打碎坷垃，整平床面，用木磙压实，有利摆盘。

⑤育秧床土准备：床土最好在前一年秋天准备，经过冬天的熟化，翌年春天过筛或制成颗粒状床土。床土最好采集山地腐殖土、腐熟好的草炭土；如果采集不到上述土壤，可采集旱田土作为床土原料。土中不能含有粗沙和小石块，以防损坏插秧机零部件。采土时要选择有机质含量高、偏酸的土壤。要先去掉表土层 3～5 厘米后，再取 10～15 厘米耕作土层。采集的土要进行晾晒，其含水量降低到 20% 左右后，再用 4～5 毫米孔筛进行过筛，并妥善保管，防雨、防风，以待使用。

⑥苗床用土配制：不同土类按适当比例采集、过筛和混合，同时，调酸、调肥和消毒。必须达到土壤的 pH4.5～5.5 范围内；不沙、不黏的粘土壤或沙壤土；有机质含量高，土质疏松，通透性好，肥力较高；土壤颗粒直径在 2～5 毫米的占 70% 以上，2 毫米以下的占 30% 以下；养分调节适宜，氮、磷、钾三要素俱全；床土要经过消毒、灭病菌、没有草籽。施肥可采用水稻育苗壮秧剂，施用方法：每袋壮秧剂（2.5 千克）可拌土 28～36 千克床土，育秧 70～90 盘，或按使用说明书配制。

⑦浇足苗床底水：床土消毒前先喷 50% 底水，消毒后再用喷壶浇透苗床底水，使 15 厘米深床土水分达到饱和状态，使床土含水量达到 25%～30%。

（2）种子及种子处理

①种子质量：种子质量必须保证，一般要求纯度不低于 98%，净度不低

于 98%，芽率在 90% 以上，含水量不高于 15%。

②晒种：浸种前选晴天晒 1～2 天，每天翻动 3～4 次。

③脱芒：要在浸种前对种子进行机械脱芒，采用 SDL‑150A 型脱芒机脱芒，糙米率小于 0.5%。

④筛选：筛出草籽和杂质，提高种子净度。

⑤选种：用比重 1.13 的盐水选种，用比重计测定比重，或用鲜鸡蛋放入水中露出水面 5 分钱硬币大小即为标准比重，捞出秕谷，再用清水冲洗种子。

⑥浸种消毒：把选好的种子用 10% 施保克 3 000～4 000 倍液浸种，种子、药液比为 1：1.25，每天搅拌 1～2 次，保持水温 15℃以上，浸种消毒 5～7 天，或以浸种累计温度 100℃为宜。

⑦催芽：将浸泡好的种子放在循环式或蒸汽式催芽机中，30～32℃恒温催芽，达到破胸露白，芽长不大于 1 毫米，否则应降温至 15～20℃晾芽。

（3）播种

①用软盘育秧：应先将软盘铺放在育秧床上（用硬盘育秧，可将播种后的硬盘直接摆放在棚中），装底土 1.5～2 厘米，浇透水。

②机械播种：选用半自动播种机或全自动播种机，播种效率高，播种密度均匀，有利于机械插秧（图 4‑5）。

③播种期：当气温稳定通过 5～6℃时开始播种。

④播量：要坚持稀播种。发芽率在 90% 以上的种子，每盘播芽种 0.12～0.14 千克，根据水稻品种和质量酌情增减。

⑤预防地下害虫：水稻浸种后用 35% 丁硫克百威粉剂，每千克种子（芽种）用药 8 克拌种，然后播种。

⑥覆土：用过筛无草籽的疏松沃土盖严种子，覆土厚度为 0.8～1 厘米。

⑦封闭灭草：用苗床除草剂每袋 250 克，混细土 3～5 千克。撒施 20 米² 苗床，进行封闭灭草，也可用丁扑合剂。

⑧平铺地膜：播种后在床面平铺地膜，保温保水，苗出齐后立即撤掉。

⑨搭架盖膜：大中棚盖膜后，膜上拉绳将膜压紧，四周用土培严拉好防风网带，设防风障。

（4）苗期管理

①温度管理：播种到出苗期密封保湿，出苗至一叶一心期注意开始通风炼苗，棚内温度不超过 28℃。秧苗 1.5～2.5 叶期，逐步增加通风量，棚温控制在 20～25℃，严防高温烧苗和秧苗徒长；秧苗 2.5～3 叶期，棚温控制在 20℃

浸种

营养土准备

播种

摆盘

秧苗

图4-5 机插育秧

以下，逐步做到昼揭夜盖。移栽前全揭膜，炼苗3～5天，遇到低温时增加覆盖物，及时保温。

②水分管理：采用微喷设备，每个喷头辐射半径3米，需配备补水井、水泵等喷灌设施。秧苗2叶期前原则上不浇水，保持土壤湿润，当早晨叶尖无水珠时补水，床面有积水要及时晾床；秧苗2叶期后，床土干旱要在早或晚浇水，一次浇足、浇透。揭膜后可适当增加浇水次数，但不能灌水上床。

③苗床灭草：没有封闭灭草的苗床，稗草1.5叶期用敌稗灭草，每平方米用16%敌稗乳油1.5毫升，兑水30倍，露水消失后喷雾，喷药后立即盖膜。

④预防立枯病：秧苗1.5叶期，每平方米用移栽灵1.5～2毫升稀释1 000倍液喷苗。或用3.2%克枯星15克、10%立枯灵15克、3%病枯净15克兑水2.5～3千克喷苗，喷后用清水洗苗。

⑤苗床追肥：秧苗2.5叶期发现脱肥，每平方米苗床用硫酸铵1.5～2克，硫酸锌0.25克，稀释100倍液叶面喷施，喷后及时用清水洗苗。带土移栽的，

起秧前 1 天每平方米追磷酸二铵 150 克或三料肥 250 克，追肥后清水洗苗。

⑥预防潜叶蝇：于起秧前 1～2 天，每平方米用 10％大功臣粉剂 3 克兑水 3 千克喷雾。

⑦起秧：起秧前 1 天要浇水，水量适合，不能过大或过小，以第二天卷苗时不散，夹苗时苗片不堆为宜。即用手按下秧片不软又不硬最好，随起随插，不插隔夜秧。

4. 栽插 当秧苗 2.5～3.5 叶龄时，采用行距 30 厘米的插秧机机插。株距 20～25 厘米，杂交稻每丛栽插 2～3 本，常规晚稻 3～5 本。

5. 施肥 在养鳖池塘内种植水稻，则一般无需施肥。对于初次开展养鳖的稻田，需要施肥。肥料使用应符合 NY/T496 的规定，禁止使用对中华鳖有害的肥料，推荐使用农家肥和生物有机肥。一是施足基肥。大田耕整时，每亩施用商品有机肥 500～750 千克，或碳酸氢铵 30～35 千克加过磷酸钙 15～20 千克。二是适当施用分蘖肥。栽插后 5～7 天，每亩施用尿素 5～7.5 千克；栽后 12～15 天，每亩施用尿素 10～12.5 千克，氯化钾 7.5～10 千克。三是酌情施放穗肥。根据苗情施穗肥，一般于倒 4 叶露尖时，每亩施用高浓度复合肥 7.5～10 千克。

6. 水分管理 一是活棵返青期。栽插后 3 天内，晴天保持 3～5 厘米浅水层，阴天保持田间湿润，雨天及时排水。二是分蘖期。中华鳖放养前，灌浅水 3～5 厘米，自然落干后再灌浅水；中华鳖放养后，保持田面 5～10 厘米水层，并根据水质经常更换田水。三是搁田控苗。当水稻茎蘖数达到预定穗数的 80％～90％时，开始搁田，田面干后 2～3 天灌水后继续搁田，反复 4～5 次，搁田期间鳖沟须保持满水。四是孕穗抽穗期。当水稻倒 3 叶露尖时，稻田建立 5～10 厘米水层，直到扬花结束。五是灌浆结实期。采取间歇灌溉，田面灌浅水 3～5 厘米，自然落干后 2～3 天后再灌浅水，反复循环直到收获前 5～7 天停止灌水。

7. 有害生物防治 鳖稻共作模式下水稻的病害较少，但由于受周边环境的影响，也需做好水稻病害的防治工作。按照"预防为主、综合防治"的植保方针，坚持以"农业防治、物理防治、生物防治为主，化学防治为辅"的无害化治理原则。农药使用应符合 GB/T 8321 和 NY/T 1276 的规定。一是草害防治。翻耕前清除大株和恶性杂草；栽插后 5～7 天，施第一次追肥，用 40％苄·丙草胺 WP 100～120 克拌肥施入；以后见杂草危害用人工拔除。二是病虫害防治。主要病虫害有纹枯病、稻纵卷叶螟、褐稻虱、二化螟和大螟。为掌握鳖稻共作模式"二迁"害虫发生情况，2013 年编者对"二迁"害虫发生情况进行了虫情调查。测报田面积 14.4 亩，5 月 20 日机插水稻，品种为"嘉禾优 555"，播种密度 40 厘米×40 厘米，每亩丛数约 4 200 丛；7 月 8 日放养幼鳖，共放养幼鳖 7 000 只，幼鳖规格 100 克/只。播种至 7 月 25 日前后，稻鳖共作模式与常规种植方式稻纵卷叶螟亩卵量基本上无异，田间有很多嫩叶刮白现象。稻飞虱亩卵量、虫量都有上升的趋势，但鳖稻共作模式中亩卵量、虫量一直在可控范围内，而常规模式下已经不可控，开始了一次的化学防治。7 月 25 日以后，鳖稻共作模式稻纵卷叶螟亩卵量迅速下降，7 月 30 日以后基本上调查不到卵块；而常规种植方式稻纵卷叶螟亩卵量虽经化学防治，但居高不下，甚至呈现越防治越高的趋势（表 4-1）。鳖稻共作模式下稻飞虱亩卵量、虫量一直在可控范围内，且呈下降趋势，有时甚至找不到卵块；而常规种植方式稻飞虱卵量、虫量虽经化学防治，但居高不下，呈现越防治越不可控的趋势（表 4-2）。

表 4-1　鳖稻共作模式与普通水稻单作模式下稻纵卷叶螟虫量发生情况

日　期 （月/日）	稻鳖共生模式 卵量（万粒/亩）	日　期 （月/日）	普通水稻单作模式	
			卵量（万粒/亩）	防治对象
		7/1	2.28	
7/4	0.53	7/4	0.59	
		7/8	2.02	7 月 12～13 日兼治稻纵卷叶螟
7/12	0.64	7/15	3.19	
7/16	1.49	7/18	4.3	
7/23	3.84	7/22	2.76	7 月 29～31 日防治稻纵卷叶螟
7/30	0.64	7/25	6.1	
		8/1	4	
8/6	0	8/8	12.39	8 月 10～12 日防治稻纵卷叶螟
8/15	0	8/12	1.79	
		8/19	5.29	
8/22	0	8/22	7.83	
		8/25	3.27	8 月 28～30 日防治稻纵卷叶螟
8/29	0	8/29	3.53	
9/4		9/4	4.45	9 月 10～12 日黑嫩田补治稻纵卷叶螟

表4-2 鳖稻共作模式与普通水稻单作模式下稻飞虱田间虫卵量发生情况

日 期 (月/日)	鳖稻共生模式		日 期 (月/日)	普通水稻单作模式		防治对象
	虫量 (万头/亩)	卵量 (万粒/亩)		虫量 (万头/亩)	卵量 (万粒/亩)	
			6/30	0.95	48	
7/4	0.19	1.17	7/8	2.5	85.48	
7/12	0.21	3.63	7/11	6.9		7月11~13日防治白背飞虱
7/16	0.04	12.59	7/15	1.53	45.5	
			7/18	2.67	41.2	
7/23	10.56	1.1	7/22	1.8	3.8	7月29~31日兼治白背飞虱、褐飞虱
			7/25	1.97	12.8	
7/30	6.58	0.64	7/29	1.47	17.69	
			8/1	1.2	4.3	
8/6	0.71	0	8/5	1.5	20.8	
			8/8	0.72	1.37	
8/15	1.17	0.85	8/12	0.55	1.32	
			8/19	0.25	17.2	
8/22	0.28	0	8/22	0.68	5.84	8月28~30日防治褐飞虱
			8/25	1.3	9.4	
8/27	0.46	3.63	8/29	2.5	27	
9/3	0.71	0	9/4	0.79	37.3	
9/10	0.86	1.49	9/9	1.1	26.9	9月10~12日补治褐飞虱
9/17	3.7	4.05	9/12	2.84	13.2	
			9/16	12.04	52.8	
9/24	1.96	0	9/22	18.31	103.7	9月27~30日防治褐飞虱
			9/26	17.84	54.02	

常见水稻病虫害防治推荐农药和使用方法见表4-3。

表 4 - 3 常见水稻病虫害防治农药推荐及使用方法

防治对象	防治适期	农药、剂型及亩施用量	使用方法
纹枯病	丛发率≥15%	4%井冈霉素 AS 400 毫升	兑水 30 千克细喷雾
稻纵卷叶螟	分蘖期百丛幼虫≥40 头，孕穗期百丛幼虫≥20 头时	20%氯虫苯甲酰胺 SC 10～15 毫升	
褐稻虱	200～500 头/100 丛	25%噻嗪酮 WP 40～60 克	
		25%吡蚜酮 WP 30～40 克	
二化螟、大螟	丛危害率≥5%	20%氯虫苯甲酰胺 SC 10～15 毫升	

注：①稻瘟病重发田，可用 20%三环唑 WP，每亩 75～100 克，在破口期预防；②每次用药后及时换水 1 次。

（七）中华鳖养殖管理

1. 放养前准备 做好鳖沟消毒工作，常用的消毒方法有：一是用生石灰 100 克/米^2，用水化成石灰浆，均匀泼洒于鳖沟，10 天后即可放养；二是用含有效氯 30%的漂白粉 5～10 克/米^{2}加水溶解后，立即泼洒于鳖沟，3 天后即可放养。

2. 茬口安排 中华鳖放养时间茬口，可以选择水稻种植之前或之后。如水稻亲鳖种养模式一般在 5 月初采用手工插秧方式种植早熟晚粳水稻，5 月中下旬放养亲鳖。水稻商品鳖种养模式分两种：先鳖后稻模式一般在 4 月上旬种植水稻，5 月初放养中华鳖；先稻后鳖模式一般在 6 月上旬种植水稻，7 月中旬放养中华鳖。水稻稚鳖培育种养模式一般在 6 月下旬种植水稻，7 月下旬放养当年培育的稚鳖，在水稻收割后到 11 月底不再投饲，准备冬眠。

3. 苗种放养 中华鳖原（良）种场引进。要求无病无伤，无畸形，体质健壮，翻身灵活。根据养殖水平和鳖种规格设计放养密度，推荐密度见表 4 - 4。宜采用不同性别和规格大小分类放养。

表 4 - 4 稻田养殖鳖种放养密度

个体质量（克）	150～250	250～350	350～500	500～750	＞750
密度（只/亩）	250～350	180～250	120～180	100～120	80～100

放养前应对鳖体进行消毒。常用体表消毒方法主要有以下三种，可任选一种：高锰酸钾溶液 15～20 毫克/升，浸浴 15～20 分钟；1%聚维酮碘溶液60～100 毫克/升，浸浴 15～20 分钟；3%食盐水，浸浴 10 分钟。

4. 饲养管理

（1）投饲　饲料种类有配合饲料，鳖用膨化饲料，螺、蚬、冰鲜杂鱼等动物性饲料。根据放养密度、摄食情况和气候状况和摄食强度进行投饲。配合饲料的日投饲量为鳖体重的 1％～3％；适当搭配投饲动物性饲料。投饲量以 1 小时内吃完为宜。

（2）水质管理　鳖坑水体采取物理、化学、生物等方法适时调控水质，pH 保持在 6.5～8.5。

（3）敌害防除　养鳖田四周及上空架设防敌害设施，及时清除水蛇、水老鼠等敌害生物，驱赶鸟类。如有条件，设置防天敌网和诱虫灯。

（4）日常管理　坚持每天早、中、晚巡田检查：检查防逃设施、观察摄食情况，以此调整投饲量；观察鳖的活动情况，如有异常及时处理；勤除敌害、污物；做好巡田日志和投饲记录等，建立生产档案。

5. 病害防治

（1）防治原则　坚持"预防为主、积极治疗、防重于治"的原则。提倡生态防病，建议使用生物渔药、中草药，少用抗生素。

（2）预防　一是保持良好的养殖环境，稻田投放适量的螺、蚬等，定期换水；二是做好鱼沟消毒，每月 1 次，用含有效氯 30％的漂白粉 1 毫克/升或用生石灰化浆 30～40 毫克/升施入鱼沟，两者交替使用。

（3）治疗　鳖稻共作模式下中华鳖基本不发病，如发生鳖病，应确切诊断后对症下药，药物使用按 NY 5071 的规定执行。

（八）收获

1. 水稻收获　稻穗 85％以上谷粒呈金黄色时开始收割水稻。采用收割机收割后，可以播种大、小麦或者种植油菜，同常规农田稻麦二熟种植无异。

2. 中华鳖的收获与越冬暂养　养成的中华鳖按需起捕，人工翻泥捕捉出售；也可继续越冬养殖，入冬前一段时间内，增加投喂蛋白质含量高的动物性饵料，保证越冬鳖积蓄足够的能量。水温降至 15℃ 以下时，排干田水，在鳖沟、鳖溜底部铺设 20 厘米厚的泥沙，然后注入新水，为中华鳖提供拟自然的越冬环境。越冬期间，保持鳖沟水位在 0.8 米以上，用草帘铺设在鳖沟上，防止水面结冰；一般水体氨氮含量不得高于 0.02 毫克/升，定期进行水体消毒和加注新水，保证每次加注新水量不高于 10％，水温温差不超过 2℃，以防中华鳖感冒致病；严禁惊扰、捕捉等操作。待翌年中华鳖苏醒后，再进行养殖管理。

三、增产增效情况

实践表明，鳖稻共作模式对于加快转变农业发展方式，促进现代化农业发展，为社会提供优质安全粮食和水产品，提高农业综合生产能力，增加农民收入，具有十分重要的意义。鳖稻共作模式在不影响水稻种植的情况下，一方面充分利用稻田水域空间、饵料资源，提高资源利用效率；另一方面利用中华鳖为稻田疏松土壤和捕捉害虫，起到生物防治水稻病害的作用，生产出了优质稻米和高品质中华鳖，从而实现养鱼稳粮增收增效。一般情况下，鳖稻共作模式可实现亩产水稻 500 千克以上，亩产商品鳖 100 千克以上，年亩均效益 5 000元以上，比水稻单作要提高 1 倍以上。

第三节　网箱养殖模式

中华鳖网箱养殖模式，是指利用合成纤维网片为材料装配成一定形状的箱体，设置在水体中，通过箱体网眼进行网箱内外水体交换，箱内形成一个适宜中华鳖生长的生态环境，进行稚鳖培育或精养商品鳖的一种养鳖模式。其特点是机动灵活，简便高产，水域适应性广。稚鳖培育是养鳖成败的关键环节之一，当前稚鳖的培育途径主要是在面积大小约 20 米² 的室内、外的小型水泥池或土池中进行，因水体小、密度高病害多、大量换水和使用抗生素，造成生产成本高、药物残留风险大。近几年的调查表明，稚鳖培育阶段疾病较多，如白斑病、白点病和腮腺炎等。这些病潜伏期长、病程长、发病多，一般药物难以控制，而且药物对生长有影响，常常出现抗药性。而网箱养殖模式从改变稚鳖培育的生态环境条件着手，不仅可以提高稚鳖培育的成活率，还可解决短时间内稚鳖孵化大量出壳、培育池无法周转的矛盾。此外，因箱内外水体的流通，生态环境好，生产的中华鳖品质与野生鳖相似，体色自然，不用药物，口感佳，市场售价高，经济效益明显。

一、养鳖用网箱

(一)网箱材料

培育用网箱包括箱体、箱架、浮子与沉子、固着器。

1. 箱体　网箱的主体部分，由聚乙烯网线编织成网片，缝制成不同规格的箱体。通常，由四周的墙网、底网和盖网缝合为1个封闭的箱体，也有箱口周边加20～30厘米网盖的敞口网箱，加盖网的目的是防止中华鳖逃跑。

2. 箱架　安装在箱体的上纲处，支撑柔软的箱体，使其张开具有一定的空间形状；同时，也有一定的浮力，充当浮子的作用。材料常选用毛竹、木材或无缝钢管等，竹木材料的使用寿命一般2～3年，钢管材料则可使用久些。

3. 浮子与沉子　浮子安装在墙网的上纲，沉子安装在墙网的下纲。其作用是使网箱能在水中充分展开，保持网箱的设计空间。浮子的种类很多，应用最为普遍的是塑料浮子。沉子可用瓷质沉子、石块、砖块或铁块，也可用铁条做成与网箱底同样大小的框子，固定在箱底外侧使箱底定型。

4. 固着器　固着器用来固定网箱，可用打桩、抛锚方法，或用重物固定在水中。

（二）稚鳖用网箱的制作

网箱用聚乙烯网片缝制而成，形状一般为长方形或正方形，以长边迎对水流，网目为0.5厘米左右，规格大小一般为4米×4米或者8米×4米，箱高1～1.5米。

（三）成鳖用网箱的制作

一般选用6股5号或6号的聚乙烯有结网衣制作，也可用金属网制作。形状一般也为长方形或正方形，网目为3～5厘米，规格大小视养殖水域而选择，有6米×4米、6米×6米、8米×4米、7米×7米或者10米×10米，甚至更大。箱高2.5～3米，过低中华鳖的活动空间小，过高则因温差过大对中华鳖生长不利。

二、稚鳖网箱培育技术

（一）水域条件的选择

网箱养殖易选择在水底平坦、风浪较小、水位相对稳定，水深在2.0米以上，水源充足，水质清新无污染，并且溶解氧丰富，背风、向阳的开阔水域。实践表明，一般的高位养殖池塘、成鳖养殖池或亲鳖培育池因其水质肥度适宜，无敌害生物，环境安静，十分适宜于网箱稚鳖培育。

（二）放养前的准备

1. 网箱设置　为方便管理设置单行数只网箱，各箱之间紧靠，网箱为固定式，即固定在塘的向阳面离池埂 1 米左右。四周悬挂一定重量的下坠物，使网箱沉入水中，保证水下部分 0.5 米以上。

2. 饲料台的制作　可采用水上饲料台或水下饲料台两种方式。水上饲料台为 0.5 米×1 米的悬浮木板，根据网箱大小设置，一般为 2～4 个；水下饲料台可采用 20～30 目的聚乙烯网片制成 1.5 米×1.0 米的方形饲料台，并用 6 厘米钢筋作台架，悬挂在网箱内一半水深处，一般每只网箱投放 1 个。研究表明，设置水下饵料台因饵料及残饵在水中容易溶解、散失，使得水中的有机物增多，含氮物质增加水中的氨氮、亚硝酸盐、化学需氧量，削弱中华鳖的体质，抑制中华鳖的生长；而水上饵料台水质条件的改善，使得中华鳖摄食旺盛，减少了疾病的发生，中华鳖的平均规格、增重率、成活率均得到提高。

3. 移植水生植物　一般每个箱内投放水葫芦，约占网箱面积 1/5，供中华鳖休息、躲藏和摄取本身所需的植物食料。

（三）稚鳖的放养

1. 稚鳖收集　一般养鳖场采用自行人工孵化鳖蛋，以获得养殖所需的稚鳖。当孵化房中少部分稚鳖破壳而出跌落水中时，即可开始稚鳖的收集。收集稚鳖的标准是：一是羊膜脱落；二是脐孔封闭；三是孵化出的稚鳖数量足够多。不可一有稚鳖孵出就捕捉，这样稚鳖的体质太弱，立即捕捉易伤易病。捕捉稚鳖时，准备好内壁光滑的清洁塑料盆，盛放 1/5 水量于塑料盆中，注意与孵化房水温的一致性，用双手合拢将稚鳖慢慢捧出水面，轻轻放入塑料盆中，然后移出孵化房进行稚鳖消毒。

2. 稚鳖消毒　从孵化房内移出的稚鳖，一定要先进行消毒。消毒一般在内壁光滑的椭圆形浴盆中进行，常用的消毒药物有高锰酸钾和食盐。消毒方法见前所述。

3. 稚鳖暂养　稚鳖暂养，可以用玻璃钢水槽或用大直径的水盆。暂养用水为经过消毒和试水安全的自然水，每平方米可放入 200～500 只稚鳖暂养，经过 2～3 天的暂养，就可以转入准备好水体和食物条件的培育池或网箱。

4. 稚鳖放养　稚鳖入箱前均经过严格挑选，要求体表完整，无病无伤，体质健壮，活力强，规格较整齐。稚鳖规格越大，养殖成活率越高，因此，一般要求入箱培育的稚鳖规格达 5 克以上。入箱前，用 1% 浓度的食盐水浸浴 10 分钟进行鳖体消毒。放养密度为每平方米 50～75 只。

（四）饲养管理

1. 饲料投喂　稚鳖体小，觅食能力弱，对饲料的要求较高，要求饲料精、细、软、鲜、嫩，营养全面，适口性好。入箱后可投喂红虫、水蚤、水蚯蚓和熟蛋黄等，每天可投喂数次，1周后投喂淡水鱼肉（花、白鲢）及鸡蛋黄，逐渐改喂稚鳖人工配合饲料，做成小块状，投放在食台与水面的交界处。投饵按"四定"进行，使稚鳖养成定位、定时摄食的习惯。每天投喂2次，9：00～10：00、16：00～17：00。稚鳖个体体重5克左右，日投饲量为体重的1%～2%，然后逐步增加；个体体重达10克时，日投饲量为4%～5%；个体体重10～30克时，为5%～6%。根据当时的气温、水温、生长速度、规格和水质等许多因素灵活调节投喂量，以饲料2小时内吃完为准。若选用海淡水小杂鱼和冰冻带鱼等鲜活饵料，日投饵量为10%左右。

2. 水质管理 采用EM复合微生物制剂培养水体中有益藻类，以创造水体平衡。定期泼洒生石灰，调整pH，增加Ca离子含量，使水体理化性能处于较稳定状态。一般每半个月施1次生石灰，使池水浓度为25～30克/米³，保持池水pH稳定。但有益菌不可与生石灰同时泼洒，应在生石灰泼洒7～10天后进行。

3. 病害防治 应做好稚鳖的病害防治工作，除在稚鳖入箱前对鳖体进行药浴消毒和定期生石灰消毒外，还应及时清除蛙、鼠等敌害生物。

4. 网箱清洗 网箱搁在水中时间一长，四周就会附着较多青苔和污物，底部沉集残饵及排泄物，影响水体交换，对箱内的小环境造成严重的污染。利用换水的机会对网箱及时清洗，清除附着物，吸出残饵粪便，保持清洁的环境。每隔1个月对网箱进行1次清洗，以保持箱内外水体交换。

5. 防逃管理 每天检查2次，傍晚和早晨各1次。主要是检查网箱有否破损，一经发现及时修补，以防鳖苗逃逸。

三、网箱成鳖培育

（一）水域条件的选择

网箱养殖成鳖一般在水库、湖泊或外荡进行，选择水域应当综合考虑下列因素：①利用天然饵料饲养鲢、鳙的网箱，应选择靠近居民点和附近农田多的水域，以保证水质较肥沃、天然饵料（浮游生物）较丰富；②选择避风、向阳、水面宽阔、日照条件较好的场所，这样的水域水温较高，有利于鱼类生长，还可避免大风浪和汛期洪水危害网箱；③避开主要航道，在坝前、闸口、主河道以及流速超过0.1米/秒的水域，都不宜设置网箱。

（二）网箱的设置

设置网箱时应因地制宜，灵活掌握。放置在偏僻、无风、光照条件好的库湾内，设置网箱水域的深度以水库最低水位时水深不少于3米为宜。网箱底部距库底要有一定的高度，以防网箱搁浅。浙江云和县清江生态龟鳖养殖专业合作社用长4米的毛竹或不锈钢管搭设支架，将网箱水平固定在支架上，网箱呈"双并列中走道"排列，网箱之间保持一定距离，以便于投喂和日常管理。网箱入水2米，网箱四角各安装1根1米高的钢管用于固定网箱，网箱要向内延伸20厘米，并用绳索拉紧成 ⌐ 形，防止中华鳖逃逸。具体设置方式见图4-6和图4-7。

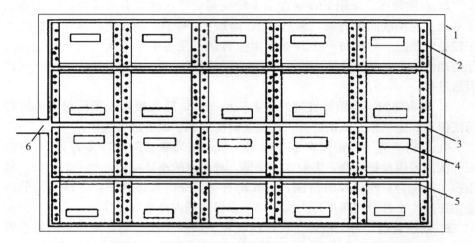

图4-6　网箱设置（资料来自浙江云和县清江生态龟鳖养殖专业合作社）
1. 外围大拦网　2. 箱内草栏　3. 过道　4. 木制晒背台　5. 木制饲料台　6. 通岸过道

（三）饲料台的制作

采用20～30目的聚乙烯网片制成1.0米×1.0米的方形饲料台，并将饲料台悬挂在网箱内一半水深处。或者在网箱内靠近走道约1米左右放置1个6米×1米的木制食台（兼作晒背台）。

（四）鳖种放养

1. 鳖种来源　选用经培育体重达100克以上、无病无伤、无畸形、体表光滑、活动能力强、体质健壮的鳖种。

2. 放养时间　每年的4月下旬至5月上旬，最好不要在冬季和夏季放养，以免影响养殖成活率。

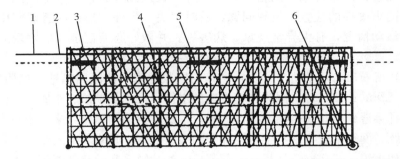

图 4 - 7　网箱设置立面图（资料来自浙江云和县清江生态龟鳖养殖专业合作社）
1. 水线　2. 过道　3. 防逃网　4. 箱体　5. 浮桶　6. 网底沉子

3. 放养密度　一般为 5～10 只/米^2，最高不超过 20 只/米^2。同一网槽中放养的鳖种规格要求相对整齐，避免互相残食。

4. 鳖种消毒　为减少疾病发生，提高养殖成活率，在鳖种放养前须进行消毒，一般用浓度为 20 毫克/升的高锰酸钾溶液浸泡消毒 30 分钟。

（五）养殖管理

1. 投饵　由于中华鳖网箱完全置于天然水体，自然进入网箱内丰富的小鱼、小虾、螺蛳等丰富的水生资源可以作为天然饵料。为确保中华鳖正常生长所需的营养要求，需要进行人工投饵，投饵基本按"四定"原则：①定质，除了市售的商品饲料外，成鳖添加 2% 的鱼油和 5% 的新鲜菜汁；②定量，应控制在 1 小时内吃光为标准，以免引来过多的小杂鱼；③定时，每天喂 2～3 餐，时间可根据当时的具体天气而定；④定点，则将饲料投在设好的饲料台上。目前，一些养殖者为提高商品鳖的品质，采用以小杂鱼虾、螺蛳、蚌肉为饵料，而不投喂人工配合饲料。杂鱼、蚌肉要砌碎，螺蛳要轧破。5 月开始少量投喂，6～9 月中华鳖生长旺盛而需要大量投喂，10 月少量投喂，11 月初停止投喂。投喂坚持"四看、四定"的投喂法，8：00 左右投喂日投喂量的 40%，17：00 左右投喂日投喂量的 60%。

2. 日常管理

（1）安全检查　在网箱养鳖过程中，经常检查网箱安全是一项不可忽视的工作，可分为定期检查和临时检查两项。定期检查每周 1 次，临时检查是在较大的巨浪特殊的情况下所采取的必要措施。

定期检查多在投饵和风浪平静后进行，主要检查箱体内有无破损，框架有无断开，网衣是否挂在钉子或铁丝和其他硬物上，网衣缝合处有无开线，绳索有无磨损严重现象，网箱是否搁浅等。大风浪过后，特别要注意网箱各部结构的牢固性的检查，发现问题，及时解决。另外，还要注意观察中华鳖摄食和活动情况，有无异常现象、病害等。并做好巡塘记录，如发现问题及时处理。

（2）网箱附着物的消除　防止网箱的网眼阻塞，清除网箱壁上的附着物，是管理工作的重要一环。因为网箱设置的水体，无论是湖泊、水库、江河还是外荡，都会遇到一些着生物或泥沙等附着，这就给网箱养鳖带来一个较为难解决的问题。网箱附着物基本上由两部分物质组成。一是附着的灰尘；二是水生生物，如水绵、双星藻、转板藻、苔藓虫、丝状绿藻和丝状硅藻等。附着物增加箱体的重量，增加水流对箱体的压力；附着物造成网眼堵塞，影响网箱内外的水体交换，使饵料生物量和溶氧量下降，还会影响网箱的使用寿命。可采用人工清箱、机械清箱、生物清箱和化学清箱等方法，清除网箱附着物。人工清箱的方法是，用弹性较强的树条抽打网衣，清除网衣上的污物，缺点是费工、清箱效果不理想；机械清箱的方法是，将网箱吊起或用木杆将网衣赶到框架上，然后用水枪喷刷，效果好、省工、省力；生物清箱法是，利用刮食能力强、食性杂的鱼类来做网箱的清洁工，有效的清箱鱼类有罗非鱼、黄尾密鲴、鳊、鲂和鲤等；化学方法是，将箱体网衣预先用硫酸铜或沥青等处理，可预防或减轻藻类的着生。

（3）做好养殖日记　记录的内容有：鳖入箱数量、投放的规格，套养鱼类的品种、规格、数量，死亡数量、生长情况、放箱位置及水深等。有条件的单位要定期做好理化因子的测定，包括水温、溶氧情况和水流等，鳖病发生及治疗方法，出箱的数量、规格、质量和成活率等。

3. 病害防治　湖泊网箱养殖中华鳖一般很少发病，养殖成活率都在95％以上，但在实践中也发现有少量病害，特别是在一些浅水、水质较差、无风浪和水流的区域，中华鳖易患腐皮病、白斑病和疖疮病。一旦发病，应及时隔离治疗。患真菌性腐皮病的病鳖，用浓度为10毫克/升的抗生素溶液浸泡1天；患白斑病的病鳖，可用浓度为3毫克/升的二氧化氯溶液浸泡1小时；患有疖疮病的病鳖，可用消毒后的竹签排出疖疮内含物，并在伤处涂土霉素软膏。

4. 捕捞　网箱养鳖的捕捞操作简单，上市方便，可根据市场需求随时捕捞。如是间捕，可用捞海。如是彻底清箱，可先把箱中的食台、晒背台与草栏拆掉，然后解开固定箱身的绳子，再托起箱底，打开盖网的一角把中华鳖倒至网袋中即可。

四、效益情况

采用网箱进行中华鳖的养殖，不仅可以充分利用水库、湖泊等天然水域资源，同时，还可提高中华鳖的品质，增加经济效益。因产出的中华鳖接近野生，体扁蹼大，裙边厚实肥大，销售价格比池塘鳖高出好几倍，是农民增收致富的又一途径。以嘉兴大桥镇胥山村的真龙浜某养殖户为例，从 2008 年开始实施，43 口网箱，面积达 3 040 米²，其中，单口面积 36 米²的网箱 40 只，单口面积 300 米²、500 米²和 800 米²的网箱各 1 口。所用网箱为聚乙烯无结网片缝制，总放养鳖种 12 600 只，平均规格 475 克/只（最大的 1.5 千克、最小的 0.25 千克），每平方米放养 4.1 只。11 月上旬收获 6 600 千克，总收入为 52.8 万元，总利润达 24 万元。投入产出比为 1∶1.83。

第四节　大水面增养殖模式

我国水库、湖泊等大水面分布广泛，历来以鲢、鳙为主的常规鱼开展增养殖。随着市场经济快速发展，产品市场价值较低，各类成本的上涨使得养殖户的效益受到影响。为更合理地开发与利用水库、湖泊等资源，在确保水质保护的同时，极有必要寻求出一条提质增效富民的有效途径。水库、湖泊等水域大多拥有丰富的鱼类、虾类、螺蚌类等水生生物资源，可以为中华鳖提供了一个适宜的生长环境。开展中华鳖大水面增养殖，不仅可提高中华鳖的品质，而且还可提高水体的综合利用率和养殖经济效益。根据人为干预的程度不同，分为大水面增殖和网围养殖两大类。

一、大水面增养殖的主要意义

（1）合理利用天然资源。大水面增养殖，既可生产出中华鳖和鲢鳙鱼等水产品，还可因中华鳖的呼吸爬行活动，加速水体上下对流，增加水中溶氧及水体自净能力，防止或延缓水体的富营养化、沼泽化，有利于保护自然生态环境。

（2）生产出的水产品质量安全可靠。在水库、湖泊等大水面开展中华鳖的增养殖，养殖过程不用抗生素，质量安全可靠，且深受消费者的喜爱。

（3）有利于维护和促进水生生物多样性及生态系统的良性循环。中华鳖捕食活的小鱼、小虾、螺蚌以及死鱼、死虾等，使得优质的鱼虾等资源得以保留下来，可以减少水体中动物尸体的有机污染，这是鲢、鳙等滤食性鱼类所无法实现的。同时，是水生态系统维持良性循环的生物种群。

（4）增加就业机会，提高从业人员的经济收入。生产出的商品鳖品质好，体色漂亮，市场价格高。

二、中华鳖大水面增殖放流

（一）大水面水生态系统的重构

现有水库、湖泊等大水面大多采用放养鲢、鳙鱼类进行洁水保水，其食物链的终端为养殖鱼类，即浮游植物→浮游动物→养殖鱼类（鲢、鳙）。而采用中华鳖进行增殖放流，中华鳖成为食物链的终端。中华鳖的引入，水生态系统食物网关系变得更加复杂（图4-8）。在原有以鲢鳙鱼为优势种群的食物链基础上，构建起比较典型特征的以中华鳖为优势养殖种群的食物链，即有机碎屑→浮游动物→底栖生物→中华鳖或有机碎屑→浮游动物→养殖鱼类→中华鳖。由中华鳖、浮游生物、底栖生物、养殖鱼类以及有机碎屑之间形成的食物链，既维持相对稳定的平衡，又是长期处于流动和变化的。通过科学确定人工投放中华鳖的数量并控制其最终产量，可以保证中华鳖在水库、湖泊等大水面栖息的生态系统的稳定。

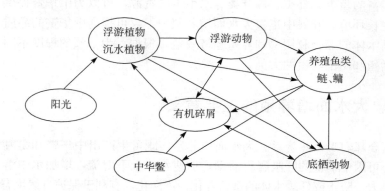

图4-8 水库、湖泊等大水面水生态系统的食物链

（二）中华鳖增殖放流前的基础工作

在中华鳖人工放流前，需要掌握放流湖泊、水库等的类型，区域气候条件、区域水系分布特点、地形地貌，开展生态环境、水生生物群落结构的调查分析，弄清鱼类资源、浮游植物、浮游动物、底栖生物、水质理化指标等信息。采用解剖方法，分析水域中华鳖的天然饵料组成。一般活体解剖 10 个以上个体，取消化道，肠管两端用线扎紧以免食物溢出。每份标本附扎标签记录。将带有标签的胃肠标本放在小瓶中或用纱布包扎后放入盛有 5%～10%福尔马林溶液的容器中固定，显微镜下观察。

成立水生生物资源增殖放流工作领导小组、技术专家小组以及监督核查小组。领导小组的主要职责是：全面组织、领导和协调增殖放流工作；审定增殖放流的计划、工作方案、技术方案、放流方案、规章制度及其他放流工作的重大事项。技术专家小组的主要职责是：在领导小组的领导下开展工作，负责审定增殖放流技术方案（放流地点、放流苗种质量、数量、规格、健康状况、运输技术等），并对方案实施进行指导与核查；拟订与项目有关的技术、标准文本；提出与增殖放流技术相关问题的建议；负责解决放流过程中其他的技术问题。监督与核查小组工作职责：在领导小组的领导下开展增殖放流工作的全面监督，确保各项规章制度和规范的贯彻落实。

（三）增殖放流用中华鳖质量要求

1. 品种的选择　放流用中华鳖品种的选择，应遵循生物多样性原则、生物安全原则、技术可行原则和兼顾效益原则。宜选择中华鳖当地种，不得向天然水域投放选育种、杂交种及外来种，如中华鳖日本品系、清溪乌鳖为国家水产新品种，中华鳖台湾品系、泰国品系等为外来种，这些品种（系）不能用于增殖放流。

2. 苗种供应单位的选择　放流苗种供应应选择信誉良好、管理规范、科研力量雄厚、技术水平高的中华鳖苗种生产单位。由技术专家小组对拟选育苗场进行考察，根据中华鳖种质状况、生产能力提出备选方案。领导小组设置招标评审小组，按照"公开、公平、公正"原则，对持有《水产苗种生产许可证》的育苗企业进行公开招标或者议标，优先选择国家级或省级水产原良种场和规模化繁育基地、渔业资源增殖站以及其他具有相关资质的种苗生产单位。

3. 放流苗种监督、检查　放流前，对供应单位的中华鳖亲本选择、种质鉴定、检验检疫情况及培育过程进行监督、检查，确保健康、优质、无特异性病原、无药物残留的中华鳖用于增殖放流，避免对放流水域生态造成不良影响。清溪乌鳖因体色独特，可以目测法进行区分。现介绍一种 4 种不同中华鳖的种质鉴别方法。

（1）总 DNA 的提取　按照基因组 DNA 试剂盒方法，提取待测样品的 DNA，然后将提取到的 DNA 稀释至 100 毫克/升，保存于 -20℃。

（2）PCR 扩增　以提取到的 DNA 为模板，分别用下列引物（表 4 - 5）进行定量 PCR 扩增，反应体系为 20 微升，包含 2×HRM MeltDoctor Master Mix10 微升、10 微摩尔/升上游引物和下游引物各 0.4 微升、模板 DNA1 微升，其余用 ddH₂O 补足。反应程序为：95℃预变性 15 分钟，95℃变性 15 秒，60℃退火/延伸 30 秒，40 个循环。扩增产物以 0.05℃/秒的升温速率，由 60℃升至 95℃。反应结束后，用 HRM2.0 软件对溶解曲线进行分析并记录 Tm 值（表 4 - 6）。

表 4 - 5　PCR 扩增引物

序号	引物序列（5'-3'）	线粒体 DNA 的 SNP 位点（AY687385）
1	F：GCCCCTTCCACCAAACTGTCATAC R：GGGTATCTAATCCCAGTTTGTGTCT	486
2	F：GGGGCAAGTCGTAACAAGGTAAG R：GCTCAAAATCAAAATAACCCTGG	1 064
3	F：TAAGTAGAGGTGAAAAGCCTAACGA R：CTGTTTCAATTTGGCTGTACCCTAA	1 559
4	F：AAGCATTCTCATCAAAACGAAAAGT R：AATCCTTCCTTTCTTGTGTTTTGTA	6 879
5	F：CACATTCACACCAACTACACAACTCT R：GTAGTCCTGTGAGTACGGTGGCT	8 330
6	F：CGAAGCCACACTAATCCCAACA R：GAAGTAGGTTCCAGCATTTAGTCGT	10 668
7	F：TATACTTCAACACCTTAATCCACCG R：CGTATCAAATTAGGTCGGTTAGGTG	13 454

（3）鉴别结果　应用 HRM 软件进行分型，结果见表 4 - 6 和图 4 - 9 至图 4 - 12。

表 4-6 4 种不同中华鳖 PCR 扩增产物的 Tm 值

引物序号	产物大小（bp）	变异类型	Tm 值（℃）			
			中华鳖	台湾品系	日本品系	黄河品系
1	118	T/C	75.80	75.43	75.43	75.43
2	126	C/T	77.54	77.54	77.54	77.08
3	149	C/A	75.33	74.93	75.33	75.33
4	136	C/T	78.39	78.39	78.39	77.92
5	83	T/C	74.30	74.78	74.30	74.30
6	82	A/G	73.00	73.00	73.00	73.46
7	96	T/C	76.33	76.33	76.93	76.33

中华鳖可以用引物 1 鉴别出来；黄河品系可以用引物 2、4 或引物 6 鉴别出来；台湾品系可以用引物 3 或 5 鉴别出来；中华鳖日本品系可以用引物 7 鉴别出来。

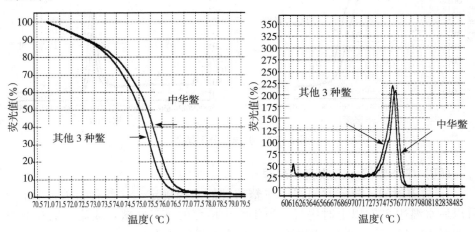

图 4-9 引物 1 分型结果

为确保放流后中华鳖的成活率，放流用中华鳖的规格要求大一些，不能用刚孵化出来的稚鳖进行放流。一般个体规格要求在 10 克以上，最好在 50 克以上，这样有利于中华鳖的觅食能力、自然越冬成活率和免遭敌害侵害，其他质量要求见第三章。

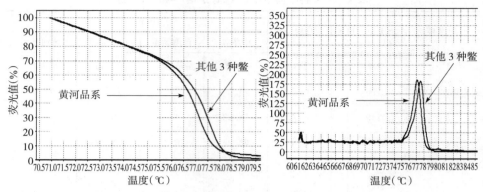

图 4-10　引物 2 分型结果

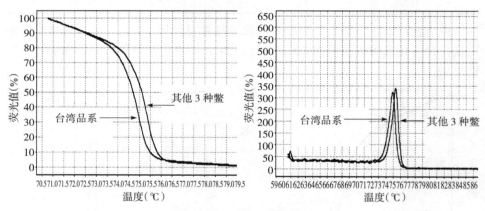

图 4-11　引物 3 分型结果

（四）中华鳖的人工放流与管理

1. 放流时间　放流时间视中华鳖苗种的来源确定，一般种鳖放流宜在 5 月以后水温达 20℃以上时进行，当年孵化培育的稚、幼鳖，放流一般在 8 月下旬至 10 月进行，选择晴朗天气 9：00 左右进行放流。

2. 苗种消毒　方法同前所述。

3. 放流地点　增殖放流活动地点一般选择在水质优良、饵料丰富的岸边水域，生态条件适合中华鳖的生长。

4. 管理工作　一是在苗种投放前做好人工放流的宣传工作，在放流沿岸村庄开展一系列的保护渔业资源的宣传教育活动，提高当地村民保护渔业资源

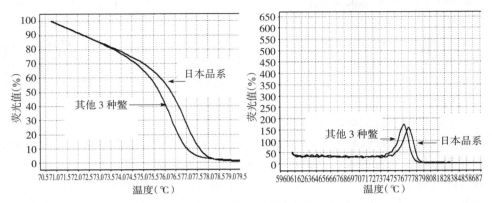

图 4 - 12　引物 7 分型结果

的法律意识，形成齐抓共管的氛围；二是设立禁渔期、禁渔区，在每年 5～10 月中华鳖摄食、产卵期间禁止捕捞作业；三是加强人工放流区域的渔政管理工作，严厉打击各类违法捕捞作业，在中华鳖的产卵场禁止采沙作业。

三、网围养殖

网围养殖作为大水面水产养殖的一种养殖模式而受到各地群众的欢迎，并取得了一定的经济效益。其主要技术要点如下：

(一) 环境条件

围养区应选择水草丰富、环境安静、水流平缓、水深 1.5 米以下、水位落差小和无污染水域。围养区湖底平坦，淤泥厚度 20～30 厘米，硬度适中，底栖饵料生物丰富，还应避开航道、泄洪通道和风浪较大地方。水质清新，透明度 40 厘米以上。

(二) 放养前准备

1. 网围设置　面积 30～45 亩。形状以方形为宜，四角呈圆弧形，网围的一部分可以与岸相连。设置双层围网，内外层的间距 3 米。围网总高度 3.5～4 米，高出水面 1.5～2 米。

网围主要由聚乙烯网片、纲绳、竹桩、石笼和地笼等构成。网片为 3×3 股聚乙烯线编结而成，网目 2.4～2.7 厘米，缩节系数 0.65。网片上纲系于每个竹桩上端，下端连接石笼。用直径为 10～15 厘米的竹桩打入湖底，直立固定墙网，高出正常水位1.5米以上，间距为2～3米，墙网外每隔5～10米加置撑桩。飞檐网设于围网上端内侧，宽40厘米，与墙网成45°角。石笼为3×3股、1厘米网目的聚乙烯网片缝制成直径15厘米左右的长筒，内装满石子，两端封口，连接墙网底纲，埋入湖底20厘米以上。在双层网围之间设置地笼，笼梢挂于竹桩上，高出水面20厘米。在双层网围之间的四角设置鱼簖，簖梢高出水面20厘米。

也可采用不锈钢金属围网，不仅坚固，抗水流风浪能力强，过水性能好，而且经久耐用，可以避免采用传统网片做围网的诸多弊端，非常适合在大水面中开展中华鳖等特种水产品的围网养殖。选用不锈钢金属网作围网，幅宽4米，网目为2.5厘米×2.5厘米。每隔4米用直径2厘米的钢管打桩，深入底泥0.6～1.0米，钢管两边分别焊接2片10厘米的不锈钢条，形成1条深10厘米、宽1厘米的扁凹槽，用于加固金属拦网。金属网顺着凹槽以人工方法垂直打入底泥0.5米以上，防止中华鳖从底部逃逸；金属围网高出水面1.5米以上。在围网上，每隔1.2米用扁铁条横向固定，以保障金属围网的平直。为防止中华鳖从顶上逃出，在网的顶部焊接0.5米宽的铁皮倒檐，面积大小在4.5～30亩。

2. 饲料台　选择洁净场所，搭建面积约2m²的饵料台10～15个。饵料台由竹或木棍扎成长、宽、高分别为1米×1米×0.1米的方框，再用塑料布或密网片编制而成。

3. 晒台　用木材或竹材做成棚式弓形晒台，用竹桩固定于水面，然后用网片覆盖在晒台上，网片的周边伸入水中。

4. 种植水草　围网区内水底保持50%面积的水草，水面保持5%～10%面积的水花生。

5. 清野　用踏网、丝网、地笼等清除网围区内凶猛鱼类和与鳖争饵的鱼类等敌害生物。

6. 产卵场、产卵台　在繁殖季节设置产卵场、产卵台。产卵场可设在网围靠岸的堤岸上；产卵台可用晒台铺上细石沙改建而成。

（三）鳖种放养

放养时间一般在4月下旬至6月中旬。中华鳖的放养规格为150～400克/只，质量要求体质健壮、无伤病、残次、规格整齐，每公顷投放鳖种4 500～6 000只。搭养鲢、鳙鱼种规格50克/尾，鲢750尾，鳙250尾，质量符合GB/T 11777和GB/T 11778的规定。放养前鳖体用浓度20毫克/升的高锰酸钾或用浓度 3% 的食盐浸洗 10 分钟。如为温室培育的鳖种，则需经 7 天均匀降至常温，然后移至室外土池或水泥池暂养 10 天以上。

（四）饲养管理

1. 投饲　中华鳖的饲料种类为鲜鱼、螺、蚌肉、虾、猪肝、蔬菜和瓜果等。投喂方法为先驯食，开始时分散投喂，后逐步集中在食台附近，最后驯至食台。驯食结束后按"四定"原则投喂。

2. 日常管理　平时应增强防逃意识，尤其是在夏秋两季的下雨阴天围栏防逃难度较大，在围栏内大多中华鳖顺着围栏爬行时越要巡查与专注。若有外逃迹象或外围地笼里有中华鳖，要立即寻觅和切断其逃逸途径，并分析逃跑原因。同时，要勤查网片，防范水老鼠等危害，发现破损设施或网底漏洞等要及时补救。每天早晚划船沿着围网巡查一遍，主要检查中华鳖的活动、晒背和吃食、发病情况，尤其要注意检查有无鳖发病。通常病鳖会趴在拦网上或晒背台上。如发现异常情况，应尽快分析并采取措施。及时捞出围网中飘浮的残草及残饵。特别是饵料台上的碎鱼块在高温季节容易变质，需及时清除。加强对围网的安全检查，防止人为的破坏。

3. 疾病防治　日常应树立防病理念，保持良好的生态环境，投喂优质新鲜的饲料。因围栏内其容纳量相对较多，在高温及病害流行季节的养殖期间，可每隔半月施一次生石灰（15kg/亩～20kg/亩）或漂白粉（3kg/亩～5kg/亩），二者交替使用，杀灭水体病源和调节水质。每 2 周 1 次用漂白粉等含氯制剂溶液泼洒饲料台和晒台，进行消毒。也可酌情内服拌有中草药饵（如三黄粉、大蒜素等）进行投喂，促使消化、催生增进食欲，有助于体质的增强和品质的提高。如发现疾病及时诊断，对症用药，药物使用符合 NY 5071 的规定。

（五）捕捉

自水温明显下降、中华鳖摄食明显减少时，便可陆续对围养的中华鳖进行捕获，达到上市的规格进行销售，也可将平常捕获而来的成鳖可放入一个简易土池内暂养，以便随时待价而售。捕获用地笼、蟹（虾）笼、刺网等方法。地笼的一端必须挂于水面上，故需在地笼的尾部装有浮球，此外，地笼在水中放置时间也不宜过久，一般每隔 2～3 小时去寻捕检查尾部，以免地笼中的中华鳖相互咬斗造成体表损伤，或停留、憋气时间太长而闷死。

（六）效益

围栏养鳖可有效利用水空间，增加收入，同时，在围栏内创设的仿生态环境，种植的水生植物可净化水环境，促进了物质的良性循环，改善了中华鳖的外观，提高了市场价值，增加了一定养殖效益。以绍兴陶堰镇南花水产专业合作社某社员为例，在宽 200 米的开阔、近百亩方圆的河湾处构架围起约 60 亩面积的围栏设施，投放平均规格为 243 克/只的中华鳖 4 321 只，总重为 1 050 千克，约 72 只/亩。共捕获 2 211 只鳖，总重 1 366 千克，平均个重为 617.8 克/只，回捕率 51.2%；成本 142 190 元，产值 205 525 元，年净增利达 527.79 元/亩，投入产出比为 1∶1.45。

第五节　鳖与水生经济植物共作养殖模式

中华鳖与水生经济植物共作模式，是根据中华鳖和水生经济作物共生互利特点及两物种生长发育对环境的需求，合理配置时空，充分利用土地资源的一种生态种养结合模式。目前，主要包括中华鳖与茭白共作、中华鳖与菱角共作、中华鳖与莲藕共作等类型。该模式充分利用现有各种水域，生产出大量的绿色作物，提高了土地的产出率。同时，通过水生经济植物的种植，吸收了养鳖水域的氮磷等物质，减轻水体富营养化的程度，经济、生态效益显著。

一、中华鳖与茭白共作

茭白田内套养中华鳖，中华鳖以福寿螺等为食物，既大幅增加农户的经济收入，又能有效控制福寿螺的危害和蔓延，减少农药使用，使茭白产品更加卫生安全。一般春栽茭白 3 月底、4 月初移栽，6 月中旬采收梅茭，8 月下旬至 9 月初采收秋茭，翌年 4 月底、5 月初采收夏茭。夏、秋栽茭白 7 月上旬移栽，10 月下旬至 11 月上旬采收秋茭，翌年 5 月中下旬开始采收夏茭。茭白每季采收期约 1 个月，年亩产量 3 000 千克左右，亩产值 0.5 万元左右。中华鳖苗一般在 5 月下旬放养，每亩茭白田套养中华鳖 200～300 只，10 月底或 11 月上旬开始迁捕。该模式经济、社会和生态效益十分显著，具较高的推广应用价值。

（一）茭白田的选择与改造

一般要求选择水源条件好、能灌能排、干旱不缺水、大水不漫田的田块进行，面积在 10～15 亩。根据茭白田的生态特点和具体情况，改造茭白田主要有三项工作：

1. 设好防逃　可用水泥瓦、薄铝板或竹箔，设施要求 30 厘米埋入土中，

60～70 厘米留在上面，每隔 1.5 米用木桩或竹桩加固，最上部用竹片、铁丝加固。进出水口用铁丝网拦截，防止中华鳖外逃。防逃拦应设在埂内，以防敌害掏洞。

2. 挖好鳖沟　在茭白田四周开深沟，一般沟宽 100 厘米、深 50 厘米。对于面积较大的田块，中间增开十字形深沟，以便中华鳖返回沟中藏身，以及在 7～8 月高温季节降低水温，使沟底、池底水温不超过 32℃，不影响中华鳖的正常生长。鳖沟面积在总水面的 5％左右。

3. 搭好饲料台　为了便于中华鳖摄食观察，在鳖沟两头各设 1 个用水泥瓦或木板做的饲料台。

（二）品种选择

1. 中华鳖　选择身体匀称、活动能力强、健康无病害的中华鳖为放养鳖种。该鳖种在温棚中经历稚鳖培育，生存能力强，抗病性好。

2. 茭白　选择当地主栽品种。以浙江省为例，单季茭可选用美人蕉、金茭 1 号等品种；双季茭可选用浙茭 1 号、龙茭 2 号、黄岩茭白等品种。

（三）茭白栽培技术

1. 田块准备　要求土壤疏松肥沃，排灌条件好，保水保肥性强，平整无杂草，上年未种过茭白的田块。

2. 施好基肥　春栽茭白亩施腐熟有机肥 2 000～2 500 千克，或茭白专用肥 80 千克或复合肥（含氮、磷、钾各 15％，下同）50 千克作基肥。夏栽茭白亩施腐熟的有机肥 1 000～1 200 千克或茭白专用有机肥 50 千克作基肥，不能用化肥作为基肥。

3. 种苗移栽　选择上年茭肉肥大、结茭整齐、生长一致、抗逆性好、分蘖强、无灰茭、雄茭及杂株的茭墩作种苗。春栽茭白苗高 20～30 厘米，从老茭墩中掘出劈成小墩栽植。夏、秋栽茭白 4 月初掘取种墩，分苗寄植，规格 30 厘米×40 厘米。做好寄秧田的肥水管理和除草。栽前剪去基部老叶，掰开后每株留有硬软管和分蘖苗 1～2 个，剪去上部叶片，留茎叶高度 40～50 厘米。

春季定植一般在 3 月中旬至 4 月上旬。单季茭每亩 1 500～1 800 墩，每墩 2～3 苗。双季茭每亩 1 200～1 800 墩，每墩 2～4 苗。采用宽、窄行方式定植，宽行行距 80～100 厘米，窄行行距 40～60 厘米，株距 30～50 厘米。夏、秋季定植一般在 6 月下旬至 7 月下旬，选择阴天或傍晚时进行。每亩用量 900～1 500 墩，每墩 1～2 苗。阴天或晴天 16：00 后移栽为宜。

4. 大田管理

(1) 追肥　茭白追肥采取"促、控、促"的施肥方法，肥料品种以茭白专用肥、复合肥为主，尽可能不施碳铵、少施尿素，将套养中华鳖水体氨浓度控制在 10 毫克/升以下，最高不超过 30 毫克/升，避免因氨浓度过高对中华鳖产生毒害。

春栽茭白在移栽后 12～15 天，亩施尿素 7～8 千克、过磷酸钙 20～30 千克，促进分蘖。移栽后 30 天左右施好长杆肥，每亩用复合肥 50 千克左右。7 月中旬采收结束后，每亩用尿素 7～8 千克、复合肥 30 千克追肥 1 次。秋茭孕茭后有 25%～30%扁杆时巧施秋茭孕茭肥，亩用复合肥 30～40 千克。翌年 1 月底至立春前施足夏茭基肥，每亩施有机肥 1 000 千克或亩施尿素 7～8 千克、过磷酸钙 50 千克。2 月底至 3 月初施苗蘖肥，每亩用尿素 12～15 千克。3 月下旬施长杆肥，每亩用复合肥 30～50 千克。4 月中旬酌情施孕茭肥，每亩用尿素 10 千克、过磷酸钙 20 千克。

夏、秋栽茭白在移栽后 18～20 天，亩施尿素 7～10 千克。第二次追肥在移栽后的 35 天左右，亩施尿素 7～8 千克、过磷酸钙 40～50 千克。第三次在 8 月底至 9 月初，亩施复合肥 40～50 千克。第四次当 1/5 的茭白采收后，视叶色巧施催茭肥，一般亩施尿素 5 千克、复合肥 15 千克，叶色浓绿的田块可以不施。翌年的追肥同春栽茭白。

(2) 水浆管理　掌握"浅-深-浅-露-深-浅"的原则，移栽后浅水勤灌促分蘖，后灌水逐渐加深，高温及孕茭期灌深水。套养田块灌水可适当加深，但任何时候灌水深度不能超过茭白眼。结合追肥耕田 1～2 次，植株封行后及时搁田，秋茭采收后仍以浅水灌溉为主。12 月底以后保持田平、湿润、不开裂。翌年 1 月底施好夏茭基肥灌浅水，以便提高土壤温度，促进地下匍匐茎萌发。2 月底、3 月初开始浅水勤灌，萌芽后遇寒潮应深水护苗。

(3) 耘田、剥叶、培土　定植成活后，间隔 10～15 天耘田 1 次，达到田平整、无杂草、泥不过实。结合耘田及时剥去黄叶、老叶、病叶。及时疏苗，每墩保留 15 株左右有效株。随时拔除雄茭、灰茭植株。当茭白开始孕茭后，随茭白的不断膨大伸长，分次在植株基部培土，培土高度不能超过茭白眼。

(4) 其他管理　梅茭采收时保护好小分蘖及蘖芽。秋茭采收后保留新抽的分蘖，一般不再采收茭肉。12 月下旬茭白植株自然枯萎后齐泥割平老茭墩，及时清洁田间，保持田平、湿润、不开裂。河姆渡双季茭夏茭以游茭苗结茭为主，在翌年 3 月中下旬，可掘去老茭墩的 3/4 苗作为种苗，墩苗中间小苗用泥封盖，保留所有游茭苗。浙大茭白以墩苗结茭为主，夏茭需删苗，保留墩茭苗 20 个左右。夏茭采收时可不必顾及其他植株，收完后翻耕，切忌连作或者再留秋茭。

5. 病虫草害防治　套养田中的茭白防病治虫，应尽量选用农业防治、物理防治、生物农药和低毒低残留的农药防治。结合冬前割茬，收集病残老叶烧毁，减少越冬菌源。在茭白生长中期，进行 2～3 次剥叶、拉黄叶，增加植株间的通风透光性，以抑制病害的发展。积极推广用性诱剂防治茭白田二化螟，在选用农药防治时，尽量少用对水生生物生长有影响的农药。施药时采用喷雾施药，不散施或泼浇，应在晴朗无风的天气进行，夏季应在 10：00 前或 16：00 后进行，严禁在刮风或下雨时施药，以免农药被风吹雨淋进入水中，污染水质，影响中华鳖生长。目前已经有过试验，15％粉锈宁（三唑酮）、70％代森锰锌、5％井冈霉素、1.1％烟·楝·百部碱（绿浪）、90％敌百虫等药剂按规定浓度使用，不会对中华鳖造成危害，可以根据茭白的病虫害发生情况，有针对性地选择上述药剂加以防治。三唑磷、菊酯类农药对中华鳖有很大危害，严禁在套养田内使用。套养田内杂草，要尽可能采用人工方法拔除。

（四）中华鳖套养技术

1. 中华鳖放养　外塘鳖苗在水温超过 12℃时开始放养，一般放养时间在 4 月中旬。温室鳖苗在最低水温超过 20℃时放养，一般在 5 月底（具体根据气温而定），以提高幼鳖的成活率。放养前中华鳖用 0.01％浓度的高锰酸钾溶液消毒 10～15 分钟，至中华鳖表皮发黄为止。考虑到防逃设施成本较贵，可适当增加放养密度，推荐放养密度为每亩 200～300 只。密度过低，防逃设施成本较高，经济效益难以体现；密度过高，管理难度加大。

2. 饲料投喂　一般茭白田中含有丰富的天然饵料，放养初期可不用投喂。可向套养田投入福寿螺成螺，利用成螺产卵，再孵化成小螺来解决中华鳖食料。如果福寿螺不足，用投入小杂鱼、小虾、螺蚌等来代替，也可投喂人工配合饲料。投饵分早晚 2 次，要做到定点、定时、定量和定质。

3. 日常管理

（1）水质管理　定期向养殖水体中泼洒适量生石灰或漂白粉等，调节水体 pH 在 7.5～8.5，以利于中华鳖生长。当茭白田水质变差时，需要及时更换新鲜水。可在茭白田中适当放养浮萍净化水质，增加水体溶氧量，减少换水量，还能为中华鳖提供隐蔽场所，减少相互撕咬，又为福寿螺增加食料。

（2）加强巡查　经常性检查防逃设施是否牢固，进出口铁丝网有否脱落。防逃设施内外应经常清除杂草，特别是在茭白采收期，应及时清除，以防被中华鳖搭桥外逃。

4. 中华鳖病害防治 坚持"预防为主、治疗为辅"的防治原则,采取"无病先防、有病早治"的积极措施,尽量减少或避免疾病的发生。需重点把握好以下环节:选择好种苗,套养前消毒,把好水质关,适宜的套养密度,有栖息晒太阳场所,发病个体及时清理、销毁。从养殖实践来看,发现的中华鳖病害主要为疖疮病。该病害的发生与茭白田中氨浓度过高有关,可用强氯精(有效氯98%)对水体进行消毒,每立方米水体用1克强氯精,隔天1次,连用3次能有效控制;或者用碘三氧防治,亩用量100克,每隔15天1次,连续使用2~3次能有效控制。

(五)收获

1. 茭白采收

(1)采收时间 春栽茭白6月中旬采收梅茭,8月下旬至10月初采收秋茭,翌年4月底、5月初采收夏茭,采收期约1个月。夏、秋栽茭白10月中旬至11月上旬采收秋茭,翌年5月中旬开始采收夏茭。

(2)采收方法 茭肉肥大后,叶鞘略有裂缝时及时采收。秋茭一般隔5天左右采收1次,如气温较高,间隔2~3天采收1次。采收时先折断茎管,连同上部叶子一起采收,然后剪去上部叶片,保留外部叶鞘1~2张,整理后捆扎或包装。

2. 中华鳖捕捞 秋茭采收结束后,根据气温变化,10月底或11月上旬,中华鳖已很少进食,即将进入冬眠期,要及时迁捕中华鳖。当水温低于12℃以下时,中华鳖就会潜入泥土中冬眠,如不及时迁出,会增加捕获时的工作量。迁出后出售或暂养于池塘中,视市场行情出售。

二、中华鳖与菱角共作

菱角塘套养中华鳖,一般3月底菱角选种催芽,4月上旬播种,6月中、下旬采摘生吃或蔬菜用鲜菱,9月上、中旬采摘熟吃、加工或留种用菱角,整个采收期一般每6~7天采收1次,共采收6~7次。中华鳖苗一般在5月下旬放养,每亩菱角塘套养中华鳖200~400只,同时套养适量鱼类,年底根据市场行情捕捞上市。

(一)土地选择

选择底泥深厚、富含有机质、排灌方便,适宜水深50~150厘米的水田或池塘。若池塘淤泥过多，需在年底进行干塘，挖除过多的淤泥，并做好池坡和池埂维护。每亩用生石灰 150～200 千克或漂白粉 10～15 千克清塘，清塘 7 天后排干池水，曝晒数日后加入新水。做好防逃设施和食物台，方法同前。

（二）菱角栽种

1. 品种　选择高产、优质、抗病和商品性好的菱种。生产上对菱角品种的选用，首先要考虑到收获后的用途。如果供生食和菜用，应选用果形大、肉质脆嫩、含水分和可溶性糖较高的品种，如红菱、红水菱和南湖菱等。如果供熟食和加工用，应选用含淀粉高的品种，如大头菱、大青菱和馄饨菱等。

2. 选种催芽　3 月底，选择果型大小均匀、无病斑、符合品种特征、充分成熟的种菱。多年生菱塘以后每年当菱盘浮出水面时去杂去劣。取出菱种冲洗，放在阴凉处保温保湿催芽。一般温度在 15～20℃，湿度在 90％以上。

3. 播种　4 月上、中旬当水温稳定在 12℃以上时即可播种。将催芽后的菱种均匀条播，行距 2.5 米，株距 20 厘米，每亩播量 20～25 千克。

4. 菱塘管理

（1）固定菱盘　直播菱塘在菱苗出水后，防止风浪冲击水草漂流到菱群内，在菱塘外围打竹桩，桩间距 5～10 米的方框固定菱盘。

（2）追肥　在主茎菱盘形成期并出现分支时，每亩可追施尿素 10 千克左右，将肥料与河泥混合，做成肥泥团施入水塘中。

（三）中华鳖养殖技术

1. 放养　方法同前所述。一般亩可放养规格为 250 克以上的中华鳖 200～400 只。同时，每亩可套养规格 150 克的鲢、鳙 100～200 尾，规格 50 克的鲫 400～500 尾。4～5 月每亩放 150 千克活螺蛳，这样 7～8 月繁殖大量的小螺蛳可供中华鳖摄食，螺蛳用 5 毫克/升的漂白粉溶液消毒后入池。

2. 饲料投喂　方法同前所述。

3. 日常管理　坚持每天巡塘，观察鱼的活动情况、防逃设备和水质变化情况等，发现问题及时处理；勤除杂草、敌害和污物，及时清除残余饲料，清扫食台；水色保持黄绿色或茶褐色，定期加水、换水，但每次注水水位不能变化过大，定期用生石灰或溴氯海因消毒水体，池水 pH 保持 7～7.5，透明度 30 厘米左右。

（四）收获

1. 菱角采收　生吃或蔬菜用鲜菱角，一般在 6 月中、下旬萼片刚落，皮还未充分硬化时采摘；熟吃、加工或留种用菱角在 9 月上、中旬，果皮充分硬化，果实与果柄连接处出现环形细裂纹，尖角毕露时采收。整个采收期一般每6～7 天采收 1 次，共采收 6～7 次，直至 10 月上、中旬为止。

2. 中华鳖的捕捞　中华鳖的捕捞按市场行情而定，年底干塘捕捉。

三、中华鳖与莲藕共作

利用莲藕塘养殖中华鳖，既可以减少莲藕病害的发生，提升莲藕的品质，又为中华鳖的生长提供一个良好的生态环境，使其在营养和口感上优于温室或池塘精养的中华鳖，实现一地两用、一水多收。莲藕塘一般 3 下旬开始种藕，7 月采摘莲子，10 月挖藕。中华鳖苗一般在 5 月下旬放养，以产莲子为目的的藕塘，每亩套养中华鳖 300～500 只；以产藕为目的的藕塘，每亩套养 100 只，10 月底或 11 月上旬开始迁捕。

（一）养鳖藕塘的准备与改造

养殖基地可选择原有湿地，或选择水源充足、水质良好、排灌方便的地方。池塘面积一般为 5～10 亩，以东西向为宜。要求池底平坦，水深 1.5～2 米。改造方法同茭白田。

（二）养殖前的准备

1. 清塘消毒　冬季将池水排干进行清整，清淤晒塘，修补池埂。放养前每亩用生石灰 75～150 千克溶解化浆后全池泼洒，彻底清塘消毒。

2. 培肥水质　清塘消毒后要施足底肥，每亩水体施用经充分发酵的有机肥料 200～300 千克，磷肥和碳铵各 30 千克。注水并用机械深耕耙匀，保留30～40 厘米深的淤泥层。

（三）种藕准备

1. 品种选择　藕种的好坏直接影响产量和质量，应根据需要进行相应的品种选择。选择早熟、适应性广、叶柄较矮、入泥较浅、抗病力强、品质优和抗风抗倒的品种，大多选择栽培水深为 5～50 厘米的优质浅水藕品种。产莲子为目的的，宜选择太空 3 号、太空 36 号和十里荷一号；以产藕为主的，宜选择苏州花藕、六月抱、古荡藕、海南洲、慢荷、大卧龙和白莲藕等。藕各部分结构示意图见图 4-13。

2. 藕种质量　种藕纯度应达到 95% 以上；单个藕支应具有 1 个以上顶芽、3 个或 3 个以上节，并且未受病虫害危害，藕芽完好。

3. 种藕用量　每亩种藕用量宜为 250～300 千克，或顶芽 600～800 个。

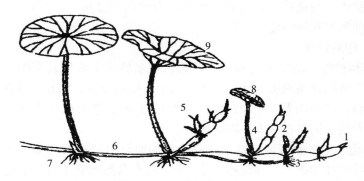

图 4-13　田藕结构示意图

1. 顶芽　2. 叶芽　3. 藕身　4. 子藕　5. 孙藕
6. 藕鞭　7. 须根　8. 终止叶　9. 后栋叶

4. 种藕运输　可采用散装贮运或包装贮运：

（1）散装贮运　种藕采挖后，应带泥、保湿贮运，于 10 天内定植，藕种带泥量 10％为宜。保湿方法为，水中浸泡或用塑料布遮盖于阴凉处，每天洒水 1 次。装运时，于运输车辆底部垫厚 15 厘米的稻草或麦草等松软、透气的缓冲层，将藕支顶芽向内顺次堆码，堆码高度应在 1.2 米以下。

（2）包装贮运　种藕采挖后，应在 3 天内洗净（带泥量 1％以下）、修整、消毒及包装贮运。消毒宜用 50％多菌灵可湿性粉剂 800～1 000 倍液浸泡 1 分钟；包装宜用纸箱内衬聚乙烯塑料袋，并用清洁珍珠岩或蛭石等轻基质填充。包装贮运的种藕，可在采挖后 45 天内定植。

（四）莲藕定植

1. 时间　应在日平均气温达到 15℃以上时开始定植，一般为每年的 3 月下旬至 4 月中旬。

2. 方法　定植密度宜为行距 1.5～2 米、穴距 1～1.5 米。每穴排放整藕 1 支或子藕 2～4 支，定植穴在行间呈三角形交错排列。种藕藕支按 10°～20°角斜埋入土，藕头入泥 5～10 厘米，藕稍翘露泥面。池周边行的藕头全部朝向池内，其他定植行藕种的排列方向互相交错。

（五）中华鳖的放养

外塘鳖种在种植藕 10 天后，即可投放体质健壮、规格整齐、每只重 150克左右的幼鳖；温室鳖种则在 5 月水温稳定在 20℃以上时放养，规格一般在 350～500 克。以产莲子为主的莲藕池，套养中华鳖的密度可在 300～500 只／

亩；以产藕为主的莲藕池，套养中华鳖的密度不可过高，以100只/亩左右为宜。放养前做好鳖体的消毒工作。

（六）田间管理

1. 饲料投喂　幼鳖下莲池后，每天以投喂熟猪牛血以及蚕蛹、粪蛆、豆虫、动物尸体和动物内脏等动物性饵料为主，搭配豆粉、糠麸、浮萍、瓜果等植物性饵料。或采用人工配合饲料。或夜间用30瓦紫外线诱虫灯，诱集各种昆虫供鳖食用。饲料投喂方法同前所述。

2. 追肥　以采收青荷藕或早熟藕为目的时，追肥一般施用2次，第一次在第1立叶展叶期施入，每亩施尿素10千克或腐熟粪肥1 500千克；第二次在荷叶封垅前施入，每亩施复合肥20～25千克。以采收老熟的枯荷藕为目的时，还须在定植后第75～80天施第三次追肥，每亩施用尿素和硫酸钾各10千克。

3. 水分管理　春藕生长前期，气候多变、冷暖交错，必须以水调温，低温时灌水护苗。藕田灌水要防止串灌，以免肥水流失和病菌传播。前期（浮叶期）浅灌为主，水深3～5厘米；中期（立叶生长期）稍深，水深8～10厘米；后期（结藕期）宜浅，水深4～6厘米，以利藕茎膨大。

4. 日常管理　在中华鳖放养前，藕田前期以人工挖除或盖草为主；后期可养萍除草。平常巡塘检查，清除残饵，暴雨季节要疏通排水口。加强防病，每月定期用0.01%的石灰乳、0.001%的漂白粉溶液交替泼洒莲池和进行食物消毒，同时，采用保肝宁等中草药制剂拌饵防病。

（七）收获

1. 莲子的采收、加工与贮藏　莲子自开花到成熟的生长期，依开花季节不同而长短不同。一般在莲子始花期的莲蓬生长期约40天；盛花期莲蓬生长期30～35天；终花期的莲蓬约30天便可采收。当莲蓬变为绿褐色、孔格内的莲子从表面看有茶褐色斑块、莲子与孔格略有一丝隔离时，莲蓬就可以采收了。莲子的采收时间较长，一般从7月上旬开始至10月中、下旬陆续采收完毕。采摘时必须严格掌握标准，不早摘、不迟摘，如当天该摘而漏摘，隔日就会成熟过度。这样的莲子不仅加工困难，而且颜色、食位均不好；相反，如采摘未成熟的嫩莲，则莲子干燥后瘪皱，粒重轻，品质差。

晒干的带壳莲子叫干壳莲。莲蓬采收后立即脱出莲子，薄薄地摊放在晒场上，每天翻动2～3次，5～7天后，当莲子能脱离壳皮时即干燥好了。一般100千克新鲜莲子，可以晒干子80～85千克。由于外包一层厚硬的莲子壳，因此，在储存过程中较少受菌、虫破坏，储藏简便，且可长期储藏。储藏方法是将干壳莲装入麻袋中，置阴凉干燥处，下垫一层厚约20厘米的干谷壳，再铺上油毡和芦席防潮。壳莲经剥壳机或手工刀去壳后即为肉莲。莲子去壳、去嫩皮，再除去莲心，剩余的莲肉就是通心莲。肉莲和通心莲储藏时容易吸湿发霉和生虫，因此，储藏时要特别注意保持低温和通风。常用的办法有：一是缸藏，适于少量储藏。每50千克干莲子配1.5~2.5千克干辣蓼草，先将干辣蓼草垫在缸底，再装入莲子，然后加盖密封，这样可保存到翌年新莲子上市，一般不生虫，不发霉。二是冷库储藏，适于大量储藏。用麻袋或油纸箱包装好，放入冷库。麻袋储藏时，需先将麻袋晒干，用0.6毫米厚的薄膜袋做内袋。为防止储藏期间发霉生虫，装袋时每60千克莲子可用20克二硫化碳（将二硫化碳放入小布袋中，用棉线扎紧袋口，同莲子一起装入麻袋）。封住薄膜袋口后，再将麻袋锁口。油纸箱储藏时，先在箱底垫一块干纸板，亦用薄膜袋做内袋，将莲子和二硫化碳同时装入内袋，封口后再放上一块干纸板，最后用胶带封住箱口，也可再用几根绳或带子将箱子扎紧。油纸箱不仅能防潮，还可防鼠害。包装好后将麻袋或油纸箱放在仓库的货架上，货架离地面约30厘米，四周离墙要稍远一些。货堆高度以不超过3米为宜，以防挤破内袋，倒塌或包装变形。储藏期间，若有受潮或发霉现象，应及时翻晒，使含水量控制在12.5%以下。

2. 莲藕的采收 莲藕采收过早会影响产量，采收过晚品质下降，因此，应根据需要确定适宜的采收期。花香藕即刚长成型的藕，也叫嫩藕。这种藕的淀粉含量较低，具有鲜嫩甜脆的特点。在脚层叶黄绿色、中层叶深绿色、上层叶均已定型，整体中没有新叶出现时采收，以9月上旬为好。但此时采收会影响产量，只宜少采收。中秋藕在中秋节前后采收，主要供应中秋节和国庆节市场。此时的脚层叶全部枯萎、中层叶色发黄、上层叶色呈黄绿色。红锈藕一般在10月中旬采收，因这时藕表面有铁锈色而得名。红锈藕内的淀粉含量较多，可作熟食用或加工成藕粉。到了10月底藕身转白，称为白锈藕，此时的藕淀粉含量丰富，除作加工和熟食用外，多余部分可贮存到翌年开春以后。如要留小藕作种，必须在10月底以后采收。采收的方法为，在采收前2周放干田水。采收时先寻找终止叶，此叶生长在藕节中段，叶片平展角度小，大多处于半展开状态，叶柄细长，叶片向前倾，叶柄的弹性较好。找到终止叶后，可根据终止叶与后栋叶之间的距离来估量藕的深浅。如终止叶与后栋叶之间的距离长，则藕头入泥深；反之则浅。采收莲藕时，用脚沿着叶柄向下踏至泥土里，先采收上层的藕，然后再采收下层的藕。采藕的操作方法是，将藕身下面的泥土扒开，用右手抓住藕的后把，左手托住藕身中段，慢慢地把藕拖出来。采收时应注意保护好藕的后把，以防止藕节断裂，使泥浆灌入孔隙。翌年还要继续种藕的田块，应将田坎四周 2 米内的藕采完。田中间每隔 2 米留 30 厘米不采收，或将藕的前两段采收完，留最后一节子藕作翌年的种藕。采收的莲藕不忙洗泥，待出售前再洗，这样可减少变色，提高莲藕的新鲜品质。莲藕较耐贮存，冬季在室内可贮存 5 周以上，春季也能贮存 2～3 周。但需要贮存的莲藕一定要老熟，藕节完好，藕身带泥无损，藕节折断处用泥封好。莲藕在贮存和运输过程中不能堆放过厚，并应在藕面上盖一层稻草，注意常洒些水保持湿润，定期翻动，防止发热闷烂。

莲藕加工后更容易贮藏，一般加工成藕粉。具体方法是：选择节粗、淀粉含量高、新鲜的莲藕，在清水中洗净，切除藕蒂，用捣碎机捣碎磨浆。然后将藕浆盛在布袋里，下接缸或盆等容器，用清水往布包里冲洗，边冲边翻动藕渣，直到藕渣内的藕浆洗净为止。将冲洗出的沙沉淀出去，中层的粉浆放在另一个容器内，加清水搅稀，再沉淀。这样反复 1～2 次，除净藕粉中的细藕渣和所含的泥沙。经漂洗而沉淀的藕粉用布包袋或细纱布包好，用绳吊起，经约 12 小时左右，沥干。然后，将湿藕粉掰成 0.5～1 千克的粉团，放在阳光下或烤房里晒或烤 1～2 小时，再用竹片将粉团削成薄片，晒干或烤干，用塑料薄膜袋装好，封口后装入木箱内。

3. 中华鳖的捕捉　　中华鳖 10 月后根据市场行情择机捕捉上市。

第六节　　三段式养殖模式

中华鳖一直以滋补佳品而著称，近年来随着养殖量的增加，中华鳖产品的供应已能满足市场的需求，人们开始关注在人工养殖条件下成长的中华鳖的安全和营养价值问题。国内常见的养殖模式有温室、温室＋池塘、池塘等。尽管各地养殖条件不尽相同，各种模式的发展也不平衡，但安全、无公害的生态养殖中华鳖因其养殖过程接近天然，日益受到广大消费者的青睐，因此，各地积极发展安全、无公害的养殖模式。中华鳖三段式养殖模式，是在温室与外塘结合模式的基础上创新发展的一种新的养鳖模式。生产出的生态鳖无泥腥味、无药残、体色自然，达到了野生鳖品质，迎合市场消费需求，养殖效益提高好。在当前土地资源的日趋紧张，劳动力成本的大幅提升，"五水共治"等环保要求的严控下，该模式发展前景广阔。

一、模式三个阶段的安排

该模式三个阶段的安排如下：

第 1 阶段：为稚、幼鳖培育期，7 月开始利用原有温室水泥池，开展当年孵出的稚鳖培育，养殖周期为 9～10 个月。

第 2 阶段：为养成品质优化调控期，利用室外池对幼鳖进行强化培育，养殖周期约 1 年。

第 3 阶段：为商品鳖养殖品质精品化调控期，利用水稻田、茭白田、湖泊或水库网箱等水域，进行商品鳖品质进一步提升培育，养殖周期约 5 个月或更长。

二、模式的主要优点

三段式养殖模式的主要优点有：

(1) 可充分利用目前温室掀盖后的水泥池，改造养殖生态可控中华鳖。

(2) 劳动强度大大减轻，劳动力可节约 50% 左右。

(3) 土地利用率高，一般可提高 5 倍。

(4) 养成的中华鳖无需集中上市，市场风险大幅降低。

三、主要技术

(一) 养殖基地

一般选择环境安静、避风向阳、周边无污染源的地方建造养殖场，底质以保水性能良好、渗透性差的黏土或沙壤土为宜，酸性土壤或盐度高于 5 的盐碱地不宜选建养鳖池。养殖水源水质量符合《淡水养殖用水水质》的规定。

(二) 设施条件

1. 第一阶段　稚鳖培育温室建造符合工厂养殖的各种要素，构造为拱形，左右排列中间走道模式。水泥池面积大小为 10～200 米² 不等，池塘四周砖砌 50～100 厘米，池底铺放 15～20 厘米厚的中粗黄沙，给排水增氧设施完善。一般采用不加温养殖方式，故无需锅炉等加温设施。对于 9～10 月孵化出的稚鳖，11月需要在水泥池温室顶上覆盖一层塑料薄膜，以确保安全越冬。

2. 第二阶段 幼鳖养殖池可继续使用原有的温室水泥池，也可使用室外池塘。室外池塘一般呈长方形，建造要求同前所述。

3. 第三阶段 商品鳖培育用水稻田条件要求同鳖稻共作模式，茭白田等条件要求同中华鳖与水生经济作物共作模式，外荡或湖泊网箱条件同网箱养殖模式。

（三）苗种来源

一般采用自行培育或购买鳖蛋进行人工孵化而获得苗种。

1. 鳖蛋选择 鳖蛋的质量直接影响孵出苗种的质量，因此，鳖蛋选择是孵化的关键步骤。如果其中有1个坏的鳖蛋没有排除掉，那么在孵化过程中就可能会腐烂而影响到周围的好蛋，严重时将导致整个孵化箱中的好蛋全部变坏。在挑选鳖蛋时，要仔细地将每层泡沫中已经破裂、变质、发臭或不符合孵化标准的鳖蛋及时剔除。用于孵化的鳖蛋要具有以下几个特征：

（1）用于孵化的鳖蛋个体重量应在4克以上。

（2）要求鳖蛋的蛋体完整、透明和光亮。

（3）鳖蛋蛋体的动物极、植物极明显。即用肉眼可清晰分辨有颜色的一端（即植物极）和透明的一端（即动物极）。两极边界要清晰圆滑，且分界线平整无缺口。

2. 鳖蛋摆放

（1）**孵化材料选择** 鳖蛋的孵化材料，可选用沙子或磁石。磁石具有保水性好、透气性高、重量轻和对鳖蛋压力小等优点，用磁石孵化出来的鳖苗质量相对较好，但成本比沙子高，生产中可根据经济条件选用孵化材料。如果选用沙子作为鳖蛋的孵化材料，在挑选沙子时要注意：一要选用不含泥的沙子，沙子含泥时，其气孔会被堵塞而使孵化时水分流通不畅、氧气供应受阻，一般要求沙子越干净越好；二是沙子颗粒粒径以0.6～0.7毫米为宜，沙子太细会降低其透气性，太粗会影响其保水能力。判断沙子质量的方法是，将沙子放入清水中。如果水清澈、不混浊，表明沙子质量较好；如果水变混浊，则表明沙中含有泥土或其他污物，不宜用于孵化鳖蛋。

（2）**鳖蛋摆放** 同一个孵化箱内应摆同一批次的鳖蛋，便于孵化期间和出苗时的管理。在50厘米×50厘米×15厘米的孵化箱中，一般可以摆放1～2层鳖蛋，每层摆放鳖蛋150～250枚。摆放2层鳖蛋的操作方法为：在孵化箱的底层铺一层厚3厘米左右的沙子，然后将鳖蛋整齐的摆放在沙子上。摆放时应将鳖蛋的植物极朝下、动物极朝上。在摆放好的第一层鳖蛋上铺一层3厘米厚的沙子，再按同样的方法摆放第二层鳖蛋；最后在摆放好的第二层鳖蛋表层铺上沙子。注意在摆放时，鳖蛋上、下两面的沙子至少要有3厘米厚，鳖蛋摆放过近容易变得干燥，不利于孵化。

（3）孵化箱叠放　所有鳖蛋都装入孵化箱后，将孵化箱按纵横方式交错重叠起来等待移入孵化房内孵化。孵化箱不宜叠得太高，一般每5～10箱叠为1组，以便于日常观察和管理。

3. 孵化管理　在鳖蛋的孵化过程中，要做好控温、洒水和通风工作，以保证孵化出质量好的鳖苗。其中，控温和洒水是孵化管理过程中比较关键的工作，直接影响到鳖蛋孵化的成败，因此要精心做好这两项工作。

（1）控温　孵化过程中温度过高或过低，都会对鳖蛋孵化不利。温度偏差较大时，会降低孵化率以及孵化出畸形鳖苗等。因此，需保证孵化房内的温度始终维持最适宜的温度范围内（30～32℃）。一般可选用薄膜、利用白炽灯、红外灯、电炉和加热电器等进行温度调控。在夏季高温期，只要关好孵化房门，或用塑料薄膜围在孵化箱周围，就可以将孵化房内的温度控制在30～32℃。但当温度达不到要求时，需要利用孵化房内设置的加温设备进行加热调温；当孵化房内温度过高时，要揭开薄膜、打开房门以及通风设备等进行降温。

（2）洒水　洒水就是在鳖蛋的孵化过程中，根据孵化沙子的水分含量，适当淋水，使沙子保持一定的湿度。鳖蛋孵化时，不同的胚胎发育阶段需水量有所差异，因此要根据具体情况适当洒水。刚进行孵化的前1周左右，由于鳖蛋表面被覆一层薄膜，可防止蛋内水分蒸发散失。这时如洒水过多，会腐蚀鳖蛋，引起鳖蛋窒息死亡。因此，孵化前1周左右不需要洒水。但如果表层沙子较干时，可进行适当洒水，此时建议在沙子最表层淋点毛毛雨状的水即可，不能让水渗透到鳖蛋表面。为了使沙子水分分布均匀，应采用喷雾的方式洒水。鳖蛋孵化1周后，随着胚胎发育对水分的需求量增加，加上沙子含水量逐渐减少，要注意及时洒水，以确保沙子水分充足，最好使沙子含水量为7%～8%，空气的相对湿度保持在85%～88%。特别是在鳖蛋的植物极由红色转为黑色，直至鳖苗孵化出来的这段时间，鳖蛋的胚胎发育需水量高，要经常检查沙子湿度，及时进行洒水，以保证水分充足。判断沙子湿度的一般方法是用手捏沙，如沙可成团，将手张开后沙子又能散开，即表明沙子湿度适宜；如沙子握在手中不能成团，说明湿度小，应洒水；如将手张开后沙子不能散开，说明湿度过大，要减少洒水量。

（3）通风换气　在孵化房内，如果通风换气工作没有做好，房内空气不清新，会影响到鳖蛋胚胎的正常发育，使孵化出来的鳖苗质量较差，有的还会出现白底板病。因此，要在每天中午气温较高时通风1小时左右，以确保孵化房内氧气充足。一般是在孵化房内放置排气扇进行通风换气。生产上为了节约劳动力和保证定时通风，最好是选用自动排气扇。在通风条件好的地方，也可直接揭开薄膜或打开孵化房门、窗户等进行通风。另外，在整个孵化过程中要经常翻开沙子观察鳖蛋的发育情况，如发现有未排除的坏鳖蛋要及时清理。在最适宜的温度、湿度等条件下，鳖蛋一般经过43～50天的孵化，便可孵出鳖苗。一般刚孵化出来的鳖苗体质较弱，要精心收集和暂养，避免因环境条件不适而出现病症、死亡等现象。

（四）中华鳖养殖技术

1. 第一段养殖　孵化后的鳖苗经短暂暂养后，即可放入温室水泥池培育。苗种放养密度一般为每平方米50～70只。不同月份孵化出的苗种，放养密度也有所不同。7月底前孵化出的苗种，放养密度为每平方米50只；8月底前孵化出的苗种，放养密度为每平方米60只；9～10月孵化出的苗种，放养密度为每平方米70只。这样，可以培育出不同规格的苗种，供不同的养殖生产所需。早苗培育规格大，年底前可达到100克以上，越冬成活率高，管理成本轻。后期苗种培育一般需覆盖一层薄膜，这样可以延迟中华鳖摄食时间1个月左右，抗逆能力增加，从而提高越冬成活率。11月底前视天气吃食情况，薄膜掀开自然冬眠。7～8月放养的鳖苗，越冬停食前必须全部放水冲洗池底，重新放入清水，用漂白粉、二氧化氯等杀菌，2～3天水中药效结束后，放入EM类微生物菌调节水质。其他养殖管理同新型温室养鳖模式。

2. 第二段养殖　即在翌年中华鳖苏醒摄食约1个月左右，利用原有掀盖温室的水泥池或室外土池进行大小分养，水泥池放养密度为每平方米15～20只，土池按每亩放养1 000～1 500只，视具体情况酌情增减。水泥池在年底冬眠前必须冲洗池底污物，放入清水杀菌，放入微生物过冬。土池主要采用微流水和花、白鲢混养模式管理水质，确保水质始终维持在最佳的生态环境，定期施用EM原露。投饲也采用现场加工、制成大小适合的软颗粒，新鲜投喂。投饲量根据生长的不同阶段而不同，按体重1‰～3‰投喂。春季升温阶段，可购买螺蛳和小青虾放入池塘中，让中华鳖自己捕食；在夏季摄食高峰期间，可购买小杂鱼进行投喂。日常管理是检查池塘防逃设施、水质、吃食、病害和日常记录等。

3. 第三段养殖 即在翌年中华鳖冬眠前或第三年冬眠苏醒后摄食1个月左右，进行雌雄大小分养。鳖稻共作、虾鳖鱼混养、与茭白共作、网箱养殖和外塘泥池养等，可根据实际需要养殖。具体养殖技术要求同前面章节所述。

（五）注意事项

（1）水泥底池必须放15～20厘米黄沙。

（2）冬眠前必须清洗池底污物，防止冬天池底氨氮中毒。

（3）密度适度，防互咬伤，翌年大小、雌雄分养。

（4）需选用抗病力强的中华鳖日本品系品种或良种。

（5）需有相应的晒鳖台，提高中华鳖抗病力。

（6）平时养殖中不大换水，只补水，微生物调水质。

（7）常服中草药防病。

第五章
各地高效养殖成功实例

第一节　余杭区高效仿生态养殖实例

一、养殖实例基本信息

余杭是浙江省淡水鱼重点产区，20世纪90年代末，余杭区大力发展中华鳖池塘仿生态养殖产业，通过扩基地、抓标准、创品牌和拓市场，中华鳖养殖成为余杭渔业产业中最大的支柱产业，并成为全国县区一级规模最大的中华鳖集中产区。余杭本牌中华鳖管理协会作为中华鳖池塘仿生态养殖的倡导和推动者，下辖会员生产基地132个，生态养殖面积1.1万余亩，总放养量达1650万只。其中，会员沈金浩养殖户有180多亩甲鱼塘，全部采用高效仿生态养殖模式。

二、放养与收获情况

（一）养殖池条件

面积为3亩左右土池，池深2米，塘埂坡比1∶3.5。在鳖池分设进、排水系统。在土池四周堤埂用高为50厘米以上的铝箔板作围栏，下端插入堤埂土中10厘米，然后每隔1～2米用竹、木桩固定，池塘石棉瓦的四角处围成弧形。沿池塘四边均匀放置石棉瓦饲料台，与水面成30°左右夹角。

（二）稚鳖培育

1. 稚鳖池准备　在稚鳖放养前认真做好清塘消毒工作，杀死塘底淤泥中的有害生物和野杂鱼类。池塘经过消毒处理后，进水50～70厘米，进水时要用夏花网布过滤，防止野杂鱼进入。完成进水消毒后，沿池塘四边的浅水处堆放有机肥，每亩用肥量根据水质的肥瘦和有机肥的种类不同来确定，使水色呈嫩绿色或茶褐色。可在鳖池上方架设大网目的天网，以防止鸟类等吃食稚鳖。

2. 放养

（1）稚鳖放养 开展生态养殖，提倡采购鳖蛋自己孵化。3 年为 1 个生产周期的养殖模式，鳖蛋购买时间尽可能根据稚鳖放养时间 7 月 1～20 日来确定，孵化后的稚鳖经过 24 小时的暂养，待脐带自行脱落、裙边完全舒展后即可放养。放养前要做好消毒和试温，操作动作应轻快，消毒时要避免密度过大，以免稚鳖相互撕咬与抓伤。

（2）放养密度 每池放养的稚鳖尽可能为同批孵出的稚鳖。采用一次放足，每亩放养稚鳖以 1 500～2 000 只为宜。如采用分级放养，稚鳖阶段每亩放养 3 000～4 000 只，养成阶段每亩放养 1 500～1 800 只。

（3）套养鱼类与活体饵料放养 套养的主要品种有白鲢、花鲢、黄颡鱼，稚鳖池以套养夏花鱼苗为宜，至年底培育成冬片鱼种，结合稚鳖分养时干塘起捕。翌年和第三年以冬片鱼种为主。活体饵料包括青虾和螺蛳 2 种，其中，每亩投放青虾苗 1 万～2 万尾或抱卵虾 2～3 千克，螺蛳 50 千克。

3. 饲料投喂 稚鳖放养后首先要经过驯食，即让放养后的稚鳖逐渐适应到食台上采食水上投喂的颗粒饲料。同时，要根据天气情况与中华鳖的生长及时调整每天的投饲数量。

4. 鳖池水质管理 土池稚鳖培育应注意观察鳖池水质变化情况，每 15～20 天定期泼洒生石灰水 1 次，用量为每亩 15～25 千克。当 pH 低于 7 时，用生石灰浆泼洒调节，同时，通过曝气增氧、施用底质改良和水质优化的微生态制剂，抑制有害菌的繁殖，保持鳖池水质的相对稳定。

5. 巡塘 每天投喂前进行巡塘，检查鳖池整体环境的变化情况、鳖吃食和晒背等活动情况及设施完好情况等，并及时做好巡塘日志记录。

（三）幼鳖培育

分养到土池的幼鳖一般规格在 150 克以上，可投幼鳖饲料，每天投 2 次，即 6：00～7：00、16：00～17：00 各 1 次；土池原池培育的幼鳖在翌年水温上升到 20℃以上时，应及时诱投饲料，尽可能提早幼鳖的开食时间。其余水质管理和巡塘与稚鳖培育相同。

（四）成鳖饲养

1. 鳖种与混养鱼类的放养 每亩水面放养 1 500～1 800 只鳖，2 龄鳖种池塘每年套养规格为 20 尾/千克的冬片鱼种，其中，白鲢 40 尾/亩、花鲢 20 尾/亩；3 龄商品鳖池塘还可增加套养黄颡鱼冬片鱼种 150 尾/亩。花、白鲢达到上市规格即可起捕；而黄颡鱼需在商品鳖上市时干塘捕捞。

2. 成鳖养殖管理 投喂成鳖饲料，日投饲量（干重）为鳖总重量的 1%～1.5%，每周适量添加鲜活饲料 1 餐，日投喂 2 次，投喂时间与幼鳖相同。夏季每 10～15 天加换 1 次新水，换水量为原池水的 1/5～1/3，换水时间在 10：00 左右进行，确保池水的透明度不低于 35 厘米，pH 不低于 7。其余管理同稚、幼鳖相同。

（五）疾病防治

稚、幼鳖培育阶段，危害性较大的疾病有真菌引起的白斑病和以腐皮为主的白点病；成鳖饲养阶段，危害性较大的疾病有细菌性肠炎、红底板症、白底板症和因性成熟而引发的雌鳖死亡症。在养殖过程中，应通过积极的综合预防措施，有效地控制病症的发生。

三、养殖效益分析

运河镇双桥村沈金浩甲鱼养场，采用 3 年为一周期的全生态养殖模式。亩放稚鳖 3 000～4 000 只，套养夏花鱼苗白鲢 1 500 尾、花鲢 1 500 尾、黄颡鱼苗 1 000 尾，当年培养冬片鱼种；翌年春季进行鳖种分养，亩放鳖种 1 500～1 800 只，套养冬片鱼种白鲢 40 尾、花鲢 20 尾，当年鳖种越冬后纤捕花、白鲢商品鱼；第三年春季再套养冬片鱼种白鲢 40 尾、花鲢 20 尾、黄颡鱼苗 150 尾，年底与中华鳖一起起捕。在不增加投饲等情况下，每季花、白鲢利润可增加产值 300 元/亩，黄颡鱼 650 元/亩。同时，在采用该模式养殖后，池塘环境有了相当大的改善，病害等明显减少，在整个养殖期间无重大病害发生，商品鳖平均亩产达到了 900 千克，平均亩利润在 1 万元左右。

四、经验和心得

该养殖模式稚鳖放养时间最迟不得超过 8 月底，以免当年越冬规格过小，稚鳖成活率下降，在越冬期间进行稚鳖分养，分养时尽量做到大小规格一致，如果在第三年分养，最好做到雌雄分养。分养时操作要求轻快，尽量避免鳖体受伤，分养后使用常规氯制剂或碘制剂全池泼洒进行池水消毒。在养殖过程中应加强水质管理，通过增氧、换水、种植水浮莲或水葫芦等漂浮性水生生物，适量放养滤食性鱼类，使用有益微生物制剂和生石灰等手段，确保鳖有良好的生长环境。平时要加强巡塘，一旦发现病鳖，要及时隔离饲养和治疗。日常要强化投饲管理，尽可能不要频繁地转换投喂的配合饲料，增强开春后和越冬前饲料的营养，根据鳖的生长情况及时调整一次投饲量，有条件时，适量增加鲜活动物性饲料的投喂比例。

五、上市和营销

传统的温室养殖模式固然有周期短、产量高和效益好的优点，但是在消费者要求越来越高、市场逐渐饱和的状态下，不少养殖户开始寻找新的出路，全生态养殖的中华鳖，与温室养殖的中华鳖相比，更接近野生的状态。通过加入余杭本牌中华鳖管理协会，通过协会规定的标准化全生态养殖甲鱼，打品牌和不打品牌的，价格相差在 1 倍以上，虽然全生态养殖占到的比重很小，但是创造的产值却很大，这种养殖方式虽然成本高，但市场前景广阔。

第二节　萧山区新型温室高效养殖实例

一、养殖实例基本信息

杭州萧山海天水产养殖有限公司占地总面积 1 200 亩，是一家集中华鳖养殖、营销于一体的萧山区级农业龙头企业。自 1998 年开始，该场积极开展中华鳖日本品系的引种及人工选育与繁育，制定了中华鳖日本品系的生产操作规程和技术路线，拥有工厂化温室 15 000 米²，孵化房 740 米²，现拥有中华鳖日本品系亲鳖 12.4 万只，后备亲鳖 6.7 万只，年生产良种稚鳖能力达到 500 万只。针对目前温室鳖养殖数量多、面积大，而大部分养殖温室采用燃煤或燃烧废旧料加温的高污染、高能耗的状况，本着提升养殖产品质量、减少面源污染、节约能源的目的，近年杭州萧山海天水产养殖有限公司养鳖场进行了地源热泵在中华鳖日本鳖温室养殖中应用效果对比试验。将地源热泵技术应用于中华鳖温室养殖生产，其节能、增效、提高成活率效果明显。

二、放养与收获情况

（一）场地条件

配套有加温系统、进排水系统、曝气增氧系统、照明和饲料制作等设施的温室，每幢温室有水泥养鳖池 10 个，养殖池面积 500 米^2，单池面积 50 米^2，池深 0.8 米。所有温室均采用水泥泡沫保温墙、钢架泡沫保温顶棚的建筑方式，保温性能良好。

（二）地源热泵安装

应用地源热泵加温技术生产，分别采用 NSFDR/5－200 和 NSFDR/5－140 两种型号的地源热泵机组，按照国标《水源热泵机组》（GB－T 19409）和《地源热泵系统工程技术规范》（GB 50366）进行施工安装。

（三）技术管理

1. 放养前准备 放苗前 10 天，对温室进行空气和养殖池消毒。进水 40 厘米左右，搭饲料台于水面下 2～3 厘米，并用二氧化氯制剂按每立方米 2 克进行全池泼洒。

2. 放养时间和密度 7 月下旬选择公司自产的健康中华鳖日本品系稚鳖，平均规格为 4 克/只，放养密度为每平方米 20 只左右。

3. 饲养管理

（1）投饲管理 稚鳖放养 1 天后，即可进行适当投喂。投喂的饲料需用稚鳖全价配合饲料制成符合稚鳖口裂大小的颗粒，并按"四定"原则投饲。

（2）水质管理

①15 天后，对各池定期进行交替式水体消毒，养殖前期间隔 15～20 天，养殖后期间隔 10～15 天。每立方米水体分别用漂白粉 3～5 克、或强氯精 1 克、或碘制剂 1 克全池泼洒，交替进行。并随着鳖体长大逐渐加高池水，直至水深 50～60 厘米，加注新水经消毒且与池水温差≤2℃。

②60～90 天，当池中幼鳖出现极个别有烂颈、烂爪现象时，在池空旷处悬挂网片（即鳖巢），网片顶部露出水面约 5 厘米左右，悬挂密度为每平方米 2～4 张。饲料板、曝气头、进排水口处均不能悬挂网片。

③90 天后，池水变浓或有气味时，加大曝气量，增加曝气时间，或排污加水。养殖 5 个月后，定期（一般为 1 周）进行排污加水或适当换水，换进的水需经过消毒且与温室中池水温度一致。

（3）日常管理 每天至少巡池2次，一般安排在投饲1个小时后。检查温室内气味和水温变化，观察稚鳖摄食、活动和水质状况，以及检查温室里各系统设备的运转情况。

（4）温室加温管理 按照天气状况，9月中、下旬开始加温。利用地源热泵进行加温，设定控制目标温度——气温33℃、水温31℃。地源热泵抽取10米以下恒温层的地下水（水温为18℃左右）作为加热介质，进行电加温，热风通过散热风扇管道进入温室，热风管道散热加热温室空气，至气温33℃，从而维持温室31℃的水温。地源热泵设有自动温度控制装置，开机后当室内气温达到33℃时，即会自动停止工作；当低于33℃时，即会开始并持续工作，直到室内气温达到设定温度为止。

三、养殖效益分析

2010—2011年，杭州萧山海天水产养殖有限公司养鳖场进行了地源热泵在中华鳖日本鳖温室养殖中应用效果对比试验。其中，试验组温室8幢，面积4 080米²，应用地源热泵加温技术生产；对照组温室8幢，面积4 080米²，应用锅炉烧煤的传统温室加温技术。试验组和对照组除加温方法不同外，放养时间、密度、饲养管理等养殖管理措施基本相同。试验组组合计起捕鳖76 406只、40 611千克，平均规格524克/只，养殖成活率87.5%，产值达243.67万元，获利125.19万元。试验组比对照组增产1 554千克、增效14.63万元、降本5.31万元、节约能源费2.29万元。试验组除平均出池规格略低于对照组，产量、成活率、效益分别比对照组增加3.98%、6.24%、13.3%；饲料系数、能源、药费、物化成本等分别比对照组降低2.97%、24.57%、33.53%、4.29%。试验组节能、增效、提高养殖成活率效果明显。

四、经验和心得

中华鳖温室冬季养殖，采用的整体式地源热泵机组和智能化自动恒温装置加温方式，有效地缓和了温度的波动，保持温室气温及水温控制恒定，使鳖种一直处于最适生长状态，从而减少鳖种培育过程中的病害发生，提高成活率，减少用药，保障了产品质量，达到了较好的养殖效果。传统锅炉烧水加温方式采用人工来调控温度，会造成加温循环水温度过高或偏低，如此反复，造成能源损耗增加，同时，对温室鳖的生长活动造成影响。

第三节　绍兴县新型温室高效养殖实例

一、养殖实例基本信息

绍兴县绿源水产开发有限公司坐落于杭州湾畔的绍兴县滨海工业区内，是一家拥有中华鳖（日本品系）、中华草龟、观赏鱼类、南美白对虾、花卉苗木和饲料等六大产业的省级农业企业，为农业部健康养殖示范基地、浙江省农业龙头企业、浙江省农业科技企业、浙江省精品农业基地、绍兴市农业龙头企业和绍兴县十强农业龙头企业。

公司建有 13 万米² 养殖温室，采用无沙吊网片的养殖模式。为使温室内保持 32℃ 温度的水温，在外界气温较低时，需要进行加温和换水。原来由于煤价较低，基本上都采用燃煤加热和供水，但随着近年来政府节能降耗的要求，公司针对高煤价、高污染、高能耗和高成本的情况，投入财力、人力开展清洁能源——太阳能技术在温室大棚养殖中的应用研究，利用太阳能清洁能源向温室供应热水，减少燃煤用量实现节能降耗，达到降能清洁的生产目的。

二、工艺流程

该设施利用太阳能代替煤、油等能源，用于特种水产养殖用水加热。利用对太阳光吸收率高达 96％ 的高硼硅玻璃原料制造集热管，与冷水在吸热原件中被吸热，形成冷、热水比重差，使冷水源源不断地流入集热管，而加热后的水自动上浮流入汇流器中，最后流入热蓄水池。当温室需要更换水时，将蓄水池中热水抽入养殖池即可（图 5-1）。

（1）管道脉冲供水。泵 1 在 35℃ 时启动送水，延时 5 长秒，泵 2 启动（34℃ 以上），使管道中的水形成 1 个脉冲，温度降到 32℃ 时泵 2 停止，泵 1 在水温降到 30℃ 停止。

（2）定时排空减少结垢沉淀。排空阀、排气阀定时同时打开，使管道及真空管内的水同时排空（排空次数要根据水质来定，系统每天可排空 8 次）。

（3）多级过滤水处理，减少淤泥杂质。

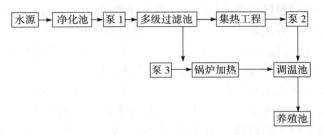

图 5-1　工艺流程图

（4）锅炉加热辅助。阴雨天，太阳能不足时水经锅炉加热后送到调温池，供养殖池用。

二、设施组成与投入

公司 2002 年与绍兴县农业局能源站、海宁华发太阳能集热管有限公司合作，投资 228 万元建成面积 2 500 米²，建有 25 000 多支（φ47×1.5 米）真空管太阳能集热器。按起点 5℃计，绝对升温 30℃，每天产生 35℃的温水 400 立方，一年内以 2/3 的光照日天数计算，可产热水量为 10 万吨。

三、效益分析

该大面积集热太阳能自 2002 年建成以来，基本上满足了生产上每天需要 400 吨温水的要求，每天可节省标煤 3 吨多，节约燃料成本 50 多万元，大大减少了二氧化硫和二氧化碳的排放，减轻了大气污染。同时，太阳能作为一种洁净、安全和无污染的再生能源，取之不尽，用之不竭，大面积集热工程项目的应用可有效减少燃煤带来的 SO_2、CO_2、煤渣等对大气、土壤及周围环境的污染，是节能减排上一个很好的典范，具有很好的生态、社会效益。

第四节　金东区新型温室高效养殖实例

一、养殖实例基本信息

金华市绿丰水产专业合作社绿和甲鱼养殖场位于金东区曹宅镇法尚寺，其中，工厂化标准养殖区占地 12 亩，区内干净整齐、布局合理有序，共有 9 个甲鱼温室养殖棚，养殖面积为 5 580 米^2，每个棚室内有 16 个养殖池，每个养殖池水量为 14 吨，温室养殖总水量为 2 000 吨，可养殖各类龟鳖 20 万只，年产商品甲鱼 9 万千克，年产值 650 万元，纯利润近 100 万元。2012 年，该场开展"水产养殖新能源替换传统能源示范"项目。项目实施过程中，对该场进行 2 次技术改造。在晴天，利用太阳能来加热调控养殖大棚的水温；在阴雨天，利用生物质能加热调控养殖水温。同时，全天候利用生物质能给予温室室内保温，完全改变温室甲鱼高污染的用能现状。该新能源"互补利用"模式在浙江省尚属首次应用，也是首个新能源互补利用的节能减排示范点，取得了良好的经济、生态和社会效益。

二、模式构成及其功能

太阳能热水系统在 6～10 月间，能供应全部养殖新水加热所需的热量；但在 11 月至翌年 5 月间，则需要太阳能热水系统与生物质秸秆颗粒燃料系统共同加热新水。

（一）太阳能热水系统

在朝南的温室棚顶（事先做好加固等各项安全工作），安装太阳能集热器 72 组（由 3 400 多支直径 58 毫米、长 1.8 米的全玻璃真空集热管组成），采光面积达 650 米^2，建造聚胺脂发泡储热保温水箱 30 吨。

该系统储热水箱中的自来水（属清洁饮用水）与太阳能真空管内的水相通，储热水箱内有测温计，水箱出水口安装冷热水自动循环水泵，水箱中的水经循环水泵输送至真空集热管网内，通过玻璃真空集热管吸收太阳辐射能，对真空管网内的低温水进行加热，利用循环泵把真空管中温度高的水送入水箱，不断循环当水箱中热水温度升到 39℃以上时，就可利用新型高效的板式换热器与养殖调节水池中的冷水进行热量交换工作，直至把养殖水池水温提高到所需温度。

（二）生物质加热系统

一是购置 3 台新型生物质热水炉，3 台炉集中并联安装，并建造聚胺脂发泡储热高温水箱 20 吨，安装热水循环泵 2 台，温室大棚内安装散热盘管及鼓风机。该系统功能分两块，一块是给整个养殖场温室加温保温；另一块提供养殖热水，如遇到阴雨天时，太阳能系统不能发挥功效，开启生物质热水炉系统,用以加热调节池中水的温度。二是安装生物质保温炉,把原先使用的煤饼加温简易炉全部改造为自动控制的生物质秸秆炉,省去人工淘煤饼渣的麻烦。

(三)新能源互补利用控制系统

建设冷热水温控切换控制系统,根据生产热水的温度高低,利用水温探测仪,把储热水箱内的水温信息传送到温控仪,通过温控仪控制电泵开关,把符合设定温度要求的热水从储热水箱(有 2 只储热水箱互补利用,分别为太阳能储热水箱和生物质热水炉储热水箱)内输出,通过板式换热器,与养殖冷水进行系统热量交换,把储热水箱中的热量传递到水温调节池中,把调节池的水温提高到甲鱼养殖所需温度以备用。

(四)冷热水管网系统

安装冷热水管网 1 200 米,先通过冷水管网把养殖水从池塘抽到水温调节池中,水温调节池通过循环管道与板式换热器上的冷热水进出口相连接,同时,板式换热器上的另一端冷热水进出口与太阳能储热水箱(或生物质热水炉储热水箱)循环管网相连接,利用阀门控制各路水管,通过换热器进行热量交换,不断加热提高调节池中养殖水的温度。当调节池的水温加热到设定温度要求时,便可通过热水管网输入大棚甲鱼养殖池中饲养甲鱼。

三、养殖效益分析

2012 年 6 月,安装了 3 台 3D-20/85-0.23 型生物质燃料锅炉,之后,又配套 18 只生物质燃料大棚专用保温炉,淘汰区内烧煤(饼)设备,以生物质固体颗粒燃料替代煤炭和煤饼;9 月安装了 650 米^2 的真空管太阳能集热系统,完全建立了新能源"多能互补"利用的甲鱼养殖温室供热模式。太阳能系统实际使用加温天数 240 天计,年可节约标煤 100 余吨,节约成本 13 万元。同时,节省 2 个工人专门为煤饼炉拉换煤饼、烧锅炉接送煤渣的工资,约 6 万元。此外,采用新能源利用模式能保持温度恒定,有利于甲鱼养殖,生长速度加快,产量提高,经济效益增加。据专家保守估计,至少能提高 1% 产量,约增收 6.5 万元。以上三项合计共 25.5 万元。同时,该模式既减少了污染的排放,改善了农业生态环境,提高了绿色农产品的质量,又促进了农业生物质废弃物能源化利用的生态循环产业的发展。对外改善了周边环境,消除了对空气、水源和地表的污染,促进了养鳖业的可持续发展。

第五节　萧山区温室外塘结合两段式养殖实例

一、养殖实例基本信息

　　杭州萧山天福生物科技有限公司是一家集龟鳖良种育种、科技研发、龟鳖养殖模式创新、龟鳖精深加工、龟鳖文化创意为一体的省级农业科技企业、国家级农业引智成果示范基地。2002 年，该公司突破传统养鳖模式，首次从日本引进养鳖专家中村达也，通过"借脑引智"进行中华鳖品种选育创新。于2008 年获得我国第一只中华鳖日本品系新品种，并获得国家发明专利，突破了制约我国中华鳖养殖发展缺乏良种的瓶颈。有关成果多次获省（自治区、直辖市）科技进步奖，2008 年中央电视 7 台《科技苑》栏目专题片，向全国推广天福公司"中华鳖日本品系新品种及二段养殖技术"。所谓两段法甲鱼养殖，其第一步是从鳖苗到鳖种的培育，完全在人工可控的工厂化温室中进行；第二步从鳖种到商品的养殖，则在野外养殖池中进行的养殖模式。这个模式使一般养成 500 克以上的商品鳖，在自然条件下需 5 个冬龄的时间缩短到 16 个月，这不但为我国养殖甲鱼开创了新局面，也为我国龟鳖产业的快速发展起到了实质性的推动作用。

二、放养与收获情况

　　根据两步法养殖要求，苗种培育阶段试验在工厂化养殖温室进行；养成阶段在野外池塘中进行。

　　1. 工厂化养殖温室的条件　温室采用人工可控的全封闭性温室，试验池塘为水泥结构，单池面积 50 米^2，池深 80 厘米、水深 50 厘米，温室内保温、进排水、增温和养殖设施齐全。养殖用水符合 NY 5071 的标准要求。

　　2. 野外养殖池塘条件　野外池塘建在萧山钱塘江边围垦海涂，沙性土质，单池面积 2 500 米^2，池深 1.8 米、水深 1.3 米。池内晒背台、水上饲料台、草栏、增氧机和注排水等养殖设施齐全，养殖场区水电设施完备。养殖用水符合 NY 5071 的标准要求。

　　3. 放养密度及管理　温室鳖苗培育养殖密度以每平方米 20 只为宜，养殖室温应控制在 29～30℃为宜，室外泥池塘放养规格 500 克左右，养殖密度以每平方米 1～2 只为宜，投饵以 2 次/天为宜。

三、养殖效益分析

用两步法养殖华鳖日本品系从个体重 3.8 克的鳖苗，经过室内控温培育 10 个月和野外常温养殖 4 个月，可养成平均 1 000 克以上的的商品鳖。养殖周期适中，养殖效果明显，单位面积产量在 500 千克以上，亩利润万元以上。

四、经验和心得

中华鳖从温室移到外塘前，要先对外塘进行彻底的清塘杀菌。中华鳖出温室前 1 周左右，应提前通风、降温，最好与外塘表层水温基本持平。同时，还应为中华鳖增加营养和添加防病、治病的药物，以提高成活率。

第六节　安徽中华鳖两段法养殖生态装备应用实例

一、养殖实例基本信息

安徽省自然水域位居全国第二，生态环境良好，是我国中华鳖的主产区之一。年产量近 3 万吨、年产值 100 万元以上的养殖企业 152 家；年产值 10 万～100 万元的养殖企业和养殖户有 1 638 家；10 万元以下的养殖农户星罗棋布于全省各地。随着产业的发展，在技术上是不断突破，目前，大多规模化养殖企业和养殖户已经应用了生态装备等最新技术成果，产量和效益在不断提升。

二、养殖池建设与生态装备设置

（一）养殖池建设

1. 温室池　温室可采用钢架结构与塑料大棚结合建设，稚、幼鳖池采用砖混结构，面积为 2～4 米²，池深 70～90 厘米、水深 4～5 厘米，池壁垂直，池底锅底形，池角呈弧形，有独立的进水和排污系统，有完善供热控温、排气调湿和供氧系统。池内 1/3～1/2 面积悬挂隐蔽栖息网片，沿操作通道池边铺设瓦楞板食台。

2. 室外商品鳖池 呈长方形，东西走向，开阔向阳，水质清新无污染，池塘种植 20％的水草、投放适量螺蛳和河蚌等；可采用水泥池和土池结构。

（1）水泥池 面积 1～3 亩，池埂无坡度，池底呈平锅底形，池深 1.8～2.0 米、水深 1.5～1.8 米、底泥不超过 15 厘米。

（2）土池 面积 1～3 亩，池底平坦，池深 1.8～2.0 米、水深 1.5～1.8 米，埂宽 2～3 米，坡比 1：（3.0～3.5）；底泥不超过 15 厘米。

（3）池塘 四周建造防逃墙，外围设置防逃网。沿鳖池四周距岸边 30～50 厘米建设防逃墙和防逃网。防逃墙材料可选用砖砌墙、石棉瓦或铝板等，砖砌墙需顶端出檐 10～12 厘米；外围使用聚乙烯网片设防逃网，高 1.5～1.8 米，底部埋入土中 10～15 厘米，每隔 2～3 米，用竹、木棍或钢筋等材料固定。

（二）生态装备设置

1. 网片晒盖台设置 池边或中央间隔、并排设置的 2 个以上 H 形支架，以 2～3 米间隔设置 1 个支架。支架的 2 个顶端均设有用于支持并限位钢丝的槽口，支架的 2 个顶端一高一低形成高度差，2 根钢丝分别穿过支架的 2 个高、低顶端的槽口，2 根钢丝平行设置，其间距以 1.5 米为宜。钢丝的两端通过连接件将钢丝绷紧后固定，支架的高顶端露出水面，支架的低顶端没于水中。尼龙网的两个对边分别与 2 根钢丝固定连接形成与水平面呈 20°～60°夹角的斜置网面，优选倾斜夹角为 40°，斜置网面的 4/5 露出水面，1/5 没于水中。

2. 人工隐蔽物设置 中华鳖是水陆两栖，根据中华鳖的生活习性营造生态环境，在水中设置聚乙烯无节网结扎而成伞状网片，用线吊挂，让其 1/3 露出水面。温室池间距 20 厘米，室外池间距 1～1.5 米，供鳖在水面上下活动、隐蔽和栖息，避免相互干扰和撕咬。

3. 微流水循环净化系统 在鳖池水面上 20 厘米处，设置与水面平行的 PVC 管固定于池埂，管四周钻众多的 6 毫米小孔，微流注入新水入池。每亩每天注入新水 10～20 米^3，池底部出水外管向上竖起，高度与池水面相等，溢出污水经过滤沉淀进入水生植物净化池，净化后的水循环进入养殖池。

4. 设置纳米微孔增氧系统 每 10 亩配备 2.2 千瓦的罗茨风机 1 台，纳米曝气管 3.0 米做 1 个圆盘，每 20 米^2 设置 1 个圆盘；利用罗茨鼓风机通过微孔管，将新鲜空气在水深 1.5～2 米均匀地在整个微孔管上以微气泡形式溢出，增加水体氧气。

三、放养与管理

（一）温室

1. 稚幼鳖来源和质量要求　选择种质优良种鳖繁育的稚、幼鳖，以自己孵化、培育为主，需要外购的应从市级以上的中华鳖良种场购买。体色鲜亮，体表光洁，反应灵敏，四肢有力，无伤残、无畸变、无病害感染。

2. 鳖种消毒　放养时在塑料盆中用 10 毫克/升的聚维酮碘溶液浸浴 10 分钟，然后投入稚鳖培育池中养殖。

3. 开食　消毒后的稚鳖利用稚鳖开口饲料进行开食，用纯净水将开口饲料化成 2％浆水，将稚鳖投放其中，时间约为 30 分钟。条件许可情况下，投放水丝蚓、枝角类等鲜活饵料开食。

4. 放养　放养时将温差控制在±2℃以内，轻放食台板上，让其自行爬入池水中。同一鳖池一次性放足，保持规格整齐。温室池放养密度见表 5-1，室外池放养密度减半。

表 5-1　温室内控温养殖稚、幼鳖各月的放养密度

阶　段	月　份	体重范围（克）	放养密度（只/米²）
稚　鳖	9～10	4～6	60
幼　鳖	11 月至翌年 1 月	25～100	40～50
幼　鳖	2～4	120～500	35～40

5. 投饲管理　稚、幼鳖投喂全价配合饲料，也可用新鲜动物性饲料和植物性饲料。饲料符合 SC/T 1047 和 NY 5072 的规定。其中：

（1）全价配合饲料最适蛋白质水平为 43％～45％，脂肪 3％～5％；α-淀粉的适宜需要量为 22％～25％，纤维素添加量应小于 6％，钙、磷分别为 3％和 1.8％。

（2）利用饲料制粒机制为软颗粒投喂。稚鳖饲料粒径≤3 毫米，放养后的第 2 天上午即可投喂饲料，每天分 6：00～7：00，9：00～10：00、14：00～15：00、17：00～18：00 投喂 4 次，日投饲率 3％～4％，每次投喂的饲料量以 30 分钟左右吃完为宜。

（3）幼鳖饲料粒径≤5 毫米，每天分 6：00～7：00、11：00～12：00、17：00～18：00 投喂 3 次，日投饲率 2％～3％，每次投喂的饲料量以 40 分钟

吃完为宜。

（4）新鲜动物性饲料，可选用鲜活鱼、虾、螺、蚌、蚯蚓、畜禽下脚料等动物性饲料；新鲜植物饲料，常用南瓜、苹果、西瓜皮、青菜和胡萝卜等，严格把握无污染、无腐败变质。

（5）食台清理。每天上午第 1 次投喂前，彻底清除留在食台上的残饵，每隔 2～3 天取出食台，彻底清洗消毒 1 次。

6. 水质管理

（1）增氧　温室池微孔增氧全天开启，室外池根据水质、天气状况酌情开启。水溶解氧保持在 3 毫克/升以上。

（2）微流水与底部排污　每天进水量在 2～3 厘米，每天底部排污 1 次，排污水量与进水量平衡。

（3）水质调节　要求养殖水质符合 NY 5051 的规定。鳖池每隔 10 天泼洒 1 次 EM 复合菌、芽孢杆菌等微生态制剂，每隔 10～15 天，当水体透明度过小时，通过加水或换水调节透明度在 25～30 厘米；当水体 pH 偏低时，可泼洒生石灰水调节 pH 在 7～8，保持池水水质优良。

7. 温室空气调控　每隔 1～2 天开启排风扇 1～2 次，净化温室内空气，严防室内有毒有害气体的积聚。

8. 温室温度调控　利用地热源空调或者锅炉，将温室水泥池水温调至 （30±1）℃，气温 32～34℃。

（二）外塘

水温稳定在 25℃ 以上时，将温室内培育的幼鳖移到室外土池进行养殖。采用健康生态养鳖技术，即根据鳖的生物学特性，创造模拟自然界鳖的生活方式和生态环境，通过科学的养殖管理，使鳖在良好的生态环境中健康快速生长。

1. 放养前准备　清除池底淤泥，干塘曝晒。放养前 30 天，每亩用生石灰 100～200 千克干法清塘；放养前 7～10 天，加注新水，水位为 60～80 厘米，用溴氯海因或二氧化氯等消毒水体。视水质情况，每亩适当施发酵后的有机肥 （50～100 千克）或化肥（10～20 千克）或生物肥水素，使中华鳖肥水下塘，减少相互撕咬和病害的发生。

2. 鳖从温室转外池技术　转池前 5～7 天，采取温室降温，第 1～2 天采用开门窗自然降温，后几天结合外塘水温，加注冷水降温，以每天下降 1～1.5℃ 为宜，使室内水温与外塘水温基本一致。转外池前增强鳖的体质和防病：

在降温前强化培育 3～5 天，在饲料中添加维生素 C 可促进伤口愈合，预防感染发炎，减少应激反应等）、抗菌药等，防转池中操作受伤感染。

3. 放养密度　每年 5 月底至 6 月初，水温稳定在 25℃以上，选择规格 200～500 克/只的幼鳖，使用 4～6 克/米³二氧化氯或 30 克/米³碘酮碘浸浴消毒后下塘。规格 200～300 克/只的幼鳖，放养 2～3 只/米²；300 克/只～500 克/只，放养 1～2 只/米²。当年如要养成大规格商品鳖，放养规格最好为 500 克/只，放养密度宜 1 只/米²。

4. 饵料投喂　定质，严把饲料质量，投喂优质全价配合饲料；动物性饵料和植物性饵料要求新鲜、无污染、无腐败变质；定量，幼鳖日投饵量一般为其体重的 4%～5%，成鳖为 2.5%～3%，并根据残饵情况、鳖吃食时间的长短、天气及环境条件的变化作灵活调整，一般每次投饵量掌握在 1 小时吃完为度；定位，饵料投在水上饵料台上；定时，水温 18～20℃时，2 天投喂 1 次；水温 20～25℃时，每天 1 次；水温 25℃以上时，每天 2 次，分别为 9：00 前和 16：00 后。

5. 水质管理　水质保持一定的肥度，水色呈黄绿或茶褐色，透明度 25～30 厘米。水位控制在 1～1.3 米，换水以添加水为主。池水保持微碱性，pH 为 7.2～8.5，每 20 天左右亩施 1 次生石灰（20～30 千克）。定期（15 天左右）每亩用微生物制剂（1～2 千克）、EM 菌等有益微生物制剂调节水质和改良底质。通过种水草、套养其他鱼类等，结合施用生石灰、微生物制剂等综合措施，创造鳖的良好水质环境。

四、病害防控

（一）生态预防

保持良好的环境：养鳖场建筑合理，满足鳖喜洁、喜阳和喜静的生态习性要求；控制水质：微流换水，保持水质清新，水色呈黄绿或茶褐色，使透明度在 30 厘米左右。

（二）生物预防

在鳖池中搭配少量鲢、鳙，调节水质，每亩放养量 30～50 尾；在鳖池中养水浮莲或水葫芦，其量不超过水面的 1/5；使用光合细菌全池定期泼洒，用量按生产厂家要求。

（三）药物预防

环境消毒，周边环境用漂白粉喷雾或扬洒。池水消毒，每 10 天用含有效氯 30％的漂白粉 1～2 毫克/升全池遍洒，或用生石灰 30～40 毫克/升化浆全池遍洒，两者交替使用。对于投饲的鲜动、植物饲料的消毒，洗净后用高锰酸钾 20 毫克/升浸泡 15～20 分钟，再用淡水漂洗后投喂。

（四）工具消毒

养鳖生产中所用的工具应定期消毒，每周 2～3 次。用于消毒的药物有高锰酸钾 100 毫克/升浸洗 30 分钟；或漂白粉 5％浸洗 20 分钟。

五、养殖效益分析

利用生物学、生态学原理，对养殖池塘水质进行综合调控、通过生态装备、合理放养、精准投饲、生态防病。养殖过程中商品鳖养殖采用精确投饲技术，突出从种群层次来调控生态环境，利用生物多样性和共生互利原理增强缓冲性，提高养殖成活率和抗病性。开展不同品系的中华鳖健康养殖试验，试验面积共 160 亩，其中，中华鳖黄河品系 142.5 亩，中华鳖日本品系 2.5 亩，杂交鳖 15 亩。2011 年 7～10 月，共放养 3 种鳖的稚鳖 28.28 万只，放养至温室 10 770 米^2。2012 年 5～6 月，从温室转入池塘养成共放养 22.16 万只，放养密度为 2.1 只/米^2，规格为 250～500 克/只。2012 年年底，共收获商品鳖 16 9932 千克，亩产 1 062.1 千克，规格 870 克/只。总产值为 974.84 万元，亩产值 6.0 万元，外池成活率为 93.6％。总净收益 461.55 万元，亩净收益为 2.88 万元。投入产出比为 1：1.90。

2011—2013 年，每年平均繁育中华鳖苗种 150 万尾以上，累计在蚌埠、巢湖、淮南、淮北和六安等地示范推广面积达 45 502 亩，新增产值 32 092.99 万元，取得了显著的社会、经济和生态效益。

六、经验和体会

（1）中华鳖晒背台采用节能环保材料，可提高其外观品质、降低成本。目前，广泛使用的晒背台有两种，一种是使用竹片钉板制成，另一种是用砖头砌支撑，上部用石棉瓦做晒背台。竹排式晒背台和石棉瓦晒背台，作为传统的晒盖设施，都有着明显的弊端和不足：①竹排和水泥板表面比较粗糙，使中华鳖在爬行和晒盖时容易刮伤底板，磨秃中华鳖爪尖，严重影响其品质和售价；②竹排和石棉瓦处于池水浸泡和阳光曝晒的情况下，损坏率高，更换频繁，不但工作量大，并且严重影响中华鳖的生长；③竹排和石棉瓦晒盖台的用料较多，浪费资源，成本较高，且不利于节能环保。该模式使用的网片晒背台，采用节能耐用的复合材料网布代替传统的石棉瓦和竹排，网布质地柔软细密，晒背攀爬时不会刮伤底板，也不会磨秃爪尖，保护了中华鳖活动的安全，保证了其完美的品质；尼龙网透气性好，不集热，即使在最炎热的夏季也不会影响其晒背；本晒背台设计合理，结构和用料简单，抗腐蚀磨损性强，节省大量建材且使用寿命延长，有较好的节能环保效果。

（2）人工隐蔽物、微流水循环净化系统、FAMS 循环水处理技术、纳米微孔增氧系统等生态装备的应用，能明显改善中华鳖的养殖生态环境，也起到了节能减排的作用。池中安装 XD 型高效节能微孔增氧装置，利用三叶罗茨鼓风机通过微孔管，将新鲜空气在水深 1.5～2 米均匀地在整个微孔管上以微气泡形式溢出，增加水体溶氧。池长边水面以上位置固定安装 PVC 管，管上钻有无数细孔（ϕ6 毫米）作为微流进水管，池底部为锅底形，最低处安装出水管，形成水交换和底部排污流水系统，在养殖池外围配套 30 厘米宽的循环水沟培育水生植物，通过生物净化养殖污水后循环利用。养殖过程中全程生物调节，定期使用 EM 菌微生态制剂，适量设置水草、螺类，结合生态装备等生态维护方法，循环水生物净化系统每池每月节约用水和净化废水 17.49 吨。该模式为中华鳖提供优良的生长环境，增强中华鳖的非特异性免疫能力，较少疾病发生，探索出一条简便、低廉、有效的疾病生态防控新方法。

（3）与传统的中华鳖养殖温室比较，该温室在提高水体自净能力的同时，重点加强了对温室内各生态因子的调节能力，使养殖池系统能较长时间处于一个稳定的动态平衡，避免剧烈的环境变化对动物造成应激反应。生态装备的使用能大大减少鳖池换水次数，从一定程度上稳定了水质。在本试验中，生态装备组合大大增加了水体的溶氧，通过多孔微流水注水模式，能加注新水并和养殖水体快速交换氧气，使养殖水体溶氧尽可能分布均匀，减少了大面积换水对鳖造成的影响。中华鳖生性胆小易惊，常钻到池底泥沙中，泥沙中有机物厌氧分解所产生的硫化氢、组胺等有毒物质也会直接损害动物的生理机能，生态装备中人工隐蔽物为中华鳖提供了较好的躲避场所。

（4）该模式收获的商品鳖效益。收获的中华鳖具有光泽亮、体表整洁、腥味较轻、脂肪亮黄色、血液为鲜红色、活力强等品质优良体貌特征。稚鳖的育成平均体重、绝对增重率、瞬时增重率分育成平均规格、绝对增重率、瞬时增重率、成活率分别提高 31.1％、33.5％、9.3％、12.8％，伤残率低 7.2 倍，利润达 182.1 元/米²，示范推广区中华鳖疾病发生率降低 30％，培育的中华鳖品质优良体貌特征。使用生态装备后，得到了较好的养殖效益，维持了良好的养殖生态环境，保证了中华鳖的产品质量。实践证明，该模式更符合中华鳖的养殖生理和生态需求，能够实现中华鳖在养殖环境下的健康快速生长，具有较好的应用推广价值。

第七节　南湖区中华鳖网箱养殖实例

一、养殖实例基本信息

中华鳖养殖业一直是南湖区水产业的支柱产业，2008 年全区中华鳖养殖面积 5 334 亩、产量 18 922 吨、产值达到 46 066 万元，占渔业总产值的 77％。但由于受饲料价格上涨和病害等因素影响，中华鳖生产形势严峻，特别是温室中华鳖 2008 年最低迷期仅售 22 元/千克，而温室中华鳖养殖成本一般在 38～40 元/千克，由于受养殖场地限制大多数养殖户只得忍痛亏本出售。为此，大桥镇胥山村养殖户沈金根于 2008 年在当地真龙浜进行了外荡网箱中华鳖养殖试验。利用外荡大水面的自然环境条件，实施中华鳖外荡网箱养殖技术研究，使箱内经常保持充足的氧气和人工投喂的饲料，可以达到高产、高效的目的。同时，在优越的外荡自然环境条件下，使中华鳖不易发病或少发病，可以减少药物使用量，使鳖体内的药物残留量得到有效控制，确保产品的质量安全。真龙浜是一个人工湖泊，总面积 250 亩，平均水深 15 米，最深处达 28 米，水质清新，是理想的淡水养殖水域。实施面积 4.56 亩，共 43 只网箱，即单只箱面积 36 米²的网箱 40 只，单只箱面积 300 米²、500 米²和 800 米²的各 1 只。取得了亩收入和亩收益分别达到 11.53 万元和 5.26 万元。

二、放养与收获情况

（一）网箱结构与设置

本试验所用网箱用聚乙烯无结网片缝制，单只面积以 36 米²为主，箱高为 2.3 米，其中水上 80 厘米，箱口翻进 30 厘米盖网，以防鳖外逃。网箱为固定式，即固定在河道的向阳面离河岸 3 米左右处。

（二）鳖种放养

2008 年 6 至 7 月总放养鳖种 12 600 只，平均规格 0.475 千克（最大的 1.5 千克，最小的 0.25 千克），每平方米平均放养 4.1 只。放养的鳖种来源于本养殖户原有的温室中华鳖，计划以后采用池塘培育的幼鳖，在鳖种入箱前均经过挑选，挑选体表完整、无病无伤、体质健壮、有活力的幼鳖，放养同一箱内的幼鳖其规格整齐。同时，挑选好的幼鳖在入箱前用高锰酸钾或食盐水浸浴消毒。

（三）营造适合中华鳖生长的生态环境

箱内种植水草，以供中华鳖休息和摄取本身所需的植物性食料，种植量占整个网箱水面的 100%，而且越厚越好，若一部分给中华鳖搞掉或吃掉随时补足。

（四）饲料投喂技术

投喂的饲料以经过消毒的淡水小杂鱼和泥鳅等鲜活饲料为主，适当搭喂全价配合饲料。同时，投喂饲料做到定时、定点、定质、定量。一般 8：00 投喂的饲料以小杂鱼为主，平均每天约 175 千克；17：00 以配合饲料为主，平均每天约 13 千克，投饲量约占体重的 1.9% 并视吃食情况及天气变化进行适当调整，确保箱内鳖种吃好、吃饱，以促使其快速生长。

（五）病害防治及日常管理技术

在中华鳖网箱养殖期间，做好鳖病防治工作，除在幼鳖入箱前对鳖体进行药浴消毒外，还定期用生石灰调节箱内水质，并及时清除鼠、蛇等敌害生物。密切注意鳖的活动、吃食和天气变化情况等，同时对网箱定期进行清洗，以保持箱内外水体交换。

（六）及时起捕

一般为停食 20 天内起捕。2008 年起捕的时间为 11 月 10 日。平均规格为 0.8 千克，收获 8 250 只、6 600 千克。最大规格达到 2.5 千克、最小的 0.4 千克，成活率为 65.5%。由于人为破坏把网箱割破，估计逃掉约 3 700 只、2 950 千克。本来可收获 11 950 只、9 550 千克，成活率达 95%。

三、养殖效益分析

试验养成的商品鳖共收获 6 600 千克，按市场价 80 元/千克计算，总收入

52.8 万元。成本支出共 28.8 万元，主要有：苗种费 18 万元，饲料费 7.5 万元（其中，小杂鱼 22.75 吨、5.9 万元，配合饲料 1.28 吨、1.6 万元），上交款 3 000 元，固定资产 10 万元按 10 年折旧费为 1 万元，人工费 2 万元，总利润达 24 万元。亩收入和亩收益分别达到 11.53 万元和 5.26 万元，投入产出比为 1：1.83。

四、经验和心得

（1）试验点应选择在水质清新、无污染、肥度适中、日照条件好、环境安静、无敌害生物的外荡水域。从试验的结果来看，网箱大小以 500～800 米² 为好，深度以 2.5 米为好，太浅密度不高，太深则水温不稳定。

（2）养殖过程中要及时调整吃食量和补足水草。应根据天气情况调整吃食量，不能吃得过饱，否则中华鳖活动太多易搞掉水草。若水草太少则影响生长，因此要及时补足水草。

（3）外荡网箱养殖中华鳖一定要加强管理，防止偷逃现象发生。

（4）一定要及时起捕。从这几年的经验来看，越冬前停食 1 个月后，若继续养在网箱一则管理困难二则鳖易发腐皮病，所以一定要在停食 20 天内及时起捕。若要继续养殖，则以翻到泥塘里越冬为宜，放入温室则容易体表发毛。

五、上市和营销

网箱养殖的中华鳖，更接近野生中华鳖的口味和营养价值，同时，由于几乎不发生病害而不使用鱼药因而更显现无公害特色，从而提高了中华鳖的产量和品质，是一项投资少、风险低、效益高的增收致富好项目，其推广前景十分看好，更是改变目前以温室养殖中华鳖为主模式的有益探索。

第八节　上虞区大水面增养殖实例

一、养殖实例基本信息

本模式是在上虞市白马湖水产专业合作社的孔家岙泊养殖基地实施，上虞市白马湖水产专业合作社理事长徐小乔，联系电话 13615850470。该湖泊面积

500 多亩，主要养殖品种为常规鱼及青虾、中华鳖、白鲦等，到目前该泊经营者已投入建设资金 150 多万元。本模式实施面积 50 亩，进行隔湖网围（围栏）生态甲鱼养殖。

二、放养与收获情况

1. 网围设计与安装 网围的结构由墙网、石笼、支柱及防逃设施组成。墙网是网围的主体部分，试验中用网目为 3 厘米聚乙烯网片缝好后用绳子固定在桩上（毛竹作支柱），上下左右拉平，网底部用石笼固定并压入泥中 20～30 厘米，网围高出水面 1～1.5 米，在网围外四周用蟹笼检查是否有甲鱼逃出。同时，根据网围大小设置数量、面积不等的平台，一般每 3～5 亩围养设置 10 只平台，每只平台面积为 2～3 米²，所搭平台用作食台、晒台。

2. 养殖前准备

（1）清围消毒 清理杂物，修整围网，中华鳖苗种放养前 15 天左右，用生石灰 125 千克/亩全池消毒。

（2）栽种水生植物 中华鳖养殖水面栽种水花生，面积约占养殖水面的 25％左右。

（3）投放螺蛳 在清明前投放螺蛳 200～250 千克/亩。

3. 中华鳖放养 所放中华鳖，以池塘培育的品种纯正、体质健壮、皮肤光亮、裙边肥厚、无病无伤、反应灵敏的中华鳖为宜。一般在 5 月底至 6 月中旬（自然水温 22℃以上）放养，放养时动作要轻快，以避免苗种受伤。放养前用 20 毫克/升的高锰酸钾溶液进行消毒。放养密度每亩 250～300 只，放养规格 200～250 克/只。同时，少量套养老口鲢、鳙鱼种，平均亩放 40 尾。

4. 饵料投喂 放养前在湖泊中放足活螺蛳，让其自然繁殖作为中华鳖的天然饵料，亩放 200～250 千克。放养后 1 周内，以喂猪肝引诱甲鱼吃食，以后以投喂中华鳖专用饲料为主，适当补喂鲜杂鱼、蚌肉等动物性饵料。饵料需投放在食台上，食台以刚露出水面为宜。日投喂量为存塘甲鱼体重的 2％～3％，以 2～3 小时内吃完为宜。

5. 日常管理 要注意观察中华鳖的活动、吃食等情况，及时清除残饵，定期检查网片及石笼，查看网围外四周的蟹笼内是否有中华鳖，并严防鼠害等。

6. 疾病防治 所选中华鳖苗种要健壮、行动敏捷、无病变。苗种放养前要消毒，一般用 5％的食盐水浸泡 10 分钟左右，或 20 毫克/升的高锰酸钾溶液浸浴 10 分钟。养殖期高温疾病流行季节，向水体中泼洒 25 毫克/升的生石灰溶液 2～3 次，以杀灭水体病源。每半个月用 EM 原露浸泡鲜杂鱼、蚌肉等动物性饲料投喂。发现患病甲鱼，及时对症下药进行治疗。

三、养殖效益分析

模式实施面积 50 亩，放养时间为 2011 年 5 月 28 日，放养规格 216 克/尾，亩放养中华鳖 284 只。2012 年 10 月开始用地笼诱捕，到 2013 年 1 月底干塘起捕，共起捕中华鳖 11 530 千克，商品甲鱼平均规格 765 克/只，平均亩产 185 千克，起捕率 85.2％，按现有市场价 150 元/千克计，平均亩产值 27 750 元，实现总产值 138.75 万元，亩效益达 9 250 元，实现总收益 46.25 万元，效益显著。

四、经验和心得

大水面增养殖中华鳖，可有效利用水空间，净化水环境。促进了养殖水域中的物质循环，天然饵料比较丰富。由于是生态养殖，采用天然饵料，少用药物，降低了养殖成本，提高了甲鱼品质。所以从外荡网围中生产出来的中华鳖不腥、无污染，保持了野生中华鳖原有品味，营养价值高，提升了甲鱼的市场价值。

五、上市和营销

在网围内创造仿生态环境，多投放天然饵料，所养中华鳖体态匀称，背甲光泽，裙边宽，肌肉结实，剖开后可见淡黄色脂肪，口味佳；外观、口味、营养均较温室中华鳖有较大提高。

第九节　湖南省南县大宗淡水鱼与鳖混养实例

一、养殖实例基本信息

大宗淡水鱼是我国最主要的淡水养殖品种，占湖南省水产品养殖产量的

70％以上。在湖南省环洞庭湖养殖区，已经有部分养殖户在大宗淡水鱼中套养中华鳖，获得了较好的经济和生态效益。湖南省南县15万亩水域养殖面积，已有1 000多户养殖户实行鱼鳖混养模式，并向周边县市辐射推广

二、放养与收获情况

（一）池塘环境及改造

1. 养殖池条件　养殖基地全面围墙封闭，选择环境安静、东西走向、背风朝阳的塘口，有利于鳖晒背，池塘坡比为（2～3）：1，池塘面积一般为5～10亩，水深1.2～2.0米。水质清新、无污染，水源充足，进排水方便。池塘水泥护坡，四周设置围板（水泥板或钙塑板），围板距塘口70厘米左右，高度不低于50厘米。池埂上种植黑麦草，作为草鱼补充饵料。每亩池塘设置1～2个食台，用木板做成1.2米×0.8米的食台。

2. 清塘消毒及生态改造　具体操作方法是，年底起鱼先排干池水，挖掉池底淤泥，曝晒1个月左右。清塘时使用生石灰，用量亩均150～200千克，生石灰化浆全池泼洒。

生态环境营造：鳖池可栽种苦草、眼子菜等沉水植物，也可用围网种凤眼莲等水生植物，但面积不宜超过池塘面积的1/5～1/4。在清明节前后可在池塘放养活螺蛳，亩放150千克。

3. 池塘分级设置　常规鱼购买水花后自行标粗，中华鳖采用自繁自养，故将基地内池塘划分为水花一级池、幼鱼二级池、成鱼三级池，分别在池塘中同级配套养殖稚鳖、幼鳖、成鳖。一级池200～300米²，放养稚鳖比例为5 000只/亩，养至15～20克；二级池面积2～3亩，放养幼鳖比例为300只/亩，养至50～100克；三级池8～12亩，放养成鳖200只/亩，经过3年养殖，成鳖长至750克/只规格即可上市。三级池再细分为Ⅰ、Ⅱ级池，将鳖苗Ⅰ级池从100克养至300～350克，再转入Ⅱ级池养至上市规格。

（二）苗种放养

对幼鳖的质量要求较高，严格控制放养幼鳖的数量，有条件的养殖户尽可能自己配套稚、幼鳖的生产，提高中华鳖的养殖成活率和降低病害感染风险。鳖种放养时应注意：鳖种必须活力强、无病无伤，同池放养的规格应尽量一致，以免抢食竞争影响小规格鳖种生长。为防止疫病发生，苗种需药浴下塘，通常可采用20毫克/升的高锰酸钾药浴15分钟，或用10毫克/升的漂白粉药

浴10～15分钟，也可用2‰～5‰的食盐水药浴15分钟。具体放养模式见表5-2。

表5-2 鱼鳖混养模式放养情况

品种	草鱼	鲢	鳙	青鱼	黄颡鱼	芙蓉鲤鲫	中华鳖
数量（尾/亩）	500～600	80～100	20～30	40	300～400	20～30	100～200
规格（克/尾、只）	100～150	150	150	100	20	30～50	300～350

（三）饲养管理

1. 饵料投喂 鱼类饵料投喂以混养配合饲料为主，搭配供给黑麦草等青绿饲料，按照"四定"原则使用投饵机投喂。按照鱼体重3%～5%确定投饵量，以保证2小时内吃完为准。鳖一般在5月后进入生长发育的最佳季节，需要单独供给充足饵料。鳖饵料来源广泛，动物性饵料有动物内脏、小杂鱼和下脚料等，也可使用商业甲鱼配合饲料，根据饵料来源和易获得情况建议动物性饵料与配合饲料比例为1：1。在6～10月每天投喂2次，即8：00～9：00、16：00～17：00各1次。水温在25～30℃时，日投喂量占鳖体重5%～7%；水温在25℃以下时，占鳖体重1%～3%。

2. 水质调节 鳖入塘前施足基肥，平时视水质情况施追肥，尽量培肥水质，使绿藻在池水中形成优势种群，透明度稳定在30～50厘米，pH7～8。每15～20天，用生石灰35千克/亩泼洒。定期使用EM菌或芽孢杆菌等有益微生物制剂，改良水体环境。有条件的，每半个月加注1次新水。

3. 日常管理 每天坚持早、中、晚3次巡塘，检查进、排水口和防逃设施，杜绝闲杂人员进入养殖区，以创造安静环境；及时清理鱼鳖吃剩的残饵和杂物，保持水质清新；观察池鱼和鳖的活动、摄食、生长情况、水质水位变化情况等，发现病鱼、病鳖及时捞出；同时还要做到"五防"，即防浮头、防逃、防盗、防毒和防病害。

4. 病害防治 坚持"预防为主、防重于治、无病早防、有病早治"的病害防治方针，切实做到"四消"，即池塘消毒，工具和食场消毒，鳖、鱼体消毒，饲料消毒；在6～9月生长旺季，每隔15天左右使用生石灰全池泼洒1次消毒，以调节净化水质；每隔半个月在饵料中拌大蒜（每50千克饲料拌250克搅碎大蒜）成团状投喂于食台上，预防肠炎。

三、养殖效益分析

从 5 月初至 10 月底，经过近 6 个月饲养，11 月底开始起捕出售，未达到上市规格的中华鳖留待翌年续养。中华鳖平均规格为 0.6 千克/只，草鱼平均规格达 2 千克/尾，鲢、鳙平均规格 2.3 千克/尾，黄颡鱼平均规格达 0.12 千克/尾。

南县当地鳖销售价格为 80 元/千克，草鱼、鲫 12 元/千克，鳙 9 元/千克，鲢 4 元/千克，黄颡鱼 30 元/千克，青鱼 16 元/千克，下脚料 7 元/千克，青饲料为自己种植未计入成本。养殖户 15 亩混养池塘总收入 158 427 元，净收入 62 024 元，亩均纯收益 4 134.9 元。

四、经验和心得

（1）鱼鳖混养技术既能充分利用水体空间，达到生态优势互补，又能挖掘池塘生产潜力，提高池塘水体的利用率，从而获得最佳的经济效益，让渔民增产增收。种植水草，作为草鱼饵料来源的同时，也为鳖提供遮阳效果。

（2）鱼鳖混养可调节水体溶氧，改善水体环境。鳖频繁的上、下摄食和晒背活动，促进了池塘上、中、下水层水体溶氧的交换，有助于提前偿还氧债，保持水体较高溶氧，促进鱼鳖的新陈代谢和摄食活动。

（3）鱼鳖混养可节约饲料，降低生产成本。鱼鳖摄食饲料互不冲突，不会出现高价格甲鱼饲料为鱼摄食情况。鳖在水底爬行活动，有利于淤泥中有机质加快分解，供给浮游生物繁殖所需营养物质，同时，鳖的粪便和残渣为浮游生物、底栖生物提供营养来源，随着浮游生物、底栖生物的生长，也给鱼、鳖提供饵料基础。在防止水质污染、减少饲料投喂量的同时，促进了鱼类和鳖的生长。

（4）减少疾病的发生，提高鱼鳖成活率。鳖能将部分得病而游动缓慢的鱼作为食物，起到阻断鱼病原体传染的作用。减少生产用药，提高了鱼体成活率。

五、上市和营销

该模式对劳动力需求少，农村留守的老夫妻两个劳动力足以应付日常管理需求，起捕劳动量大时附近养殖户采取换工方式帮助。此外，该模式对资金需求少，回笼快。相对中华鳖温室精养资金压力大或仿生态养殖周期长等情况，鱼鳖混养需要前期投入资金较少，每年都有资金回报，亩产效益高，适合面向有一定技术水平的养殖户推广。

第十节　西湖区鱼鳖混养实例

一、养殖实例基本信息

　　黄金鲫是由国家级天津市换新水产良种场采用常规育种和生物技术育种相结合的技术路线，以散鳞镜鲤为母本、红鲫为父本，通过远缘杂交获得，具有种质独特、品质优良、生长速度快、抗病力强、营养价值高等优点，是淡水养殖又一新品种。已通过全国水产原、良种审定委员会审定。在杭州市推广总站和西湖区农技服务中心的指导下，杭州市西湖区泗乡水产专业合作社陈家国养殖场从 2010 年 6 月底引进这一新品种，采用与中华鳖混养模式，通过采取一系列切实有效的工作措施和技术措施，经过近 17 个月的精心养殖和精细管理，取得了良好的经济效益。

二、放养与收获情况

　　1. 池塘条件　3 个池塘，总面积 10 亩。彻底清淤后，用每亩 100 千克的优质生石灰彻底消毒。1 周后排干池水，注入经过沉淀后的钱塘江水。

　　2. 鱼种放养　6 月初，每亩放养白鲢鱼种 50 尾；6 月底，放养自行培育的优质中华鳖，平均规格 350 克/只，每亩放养 1 000 只；6 月底放养黄金鲫夏花鱼苗 1 万尾，平均亩放 1 000 尾。

　　3. 饲养管理

　　（1）每天勤巡塘，防盗、防敌害生物的侵扰。

　　（2）合理投喂优质的膨化鱼饲料，中华鳖不专门投喂。

　　（3）夏、秋高温季节，每隔 20 天左右每亩用 10～15 千克的优质生石灰泡浆后进行全池泼洒，消毒水体并保证合适的透明度。每次消毒后 1 周后再全池泼洒复合微生物制剂和小球藻，以改善底泥和表层水质，使养殖水质常年保持"鲜、活、嫩、爽"的最佳状态。在近 17 个月的整个养殖过程中没有用过抗生素，未发生过鱼病和鳖病。

三、养殖效益分析

养殖场共投入 13.18 万元，其中，苗种费 2.08 万元、饲料费 8 万元、人工工资 0.6 万元、池塘租金 2.0 万元、消毒和电费 0.5 万元，共产黄金鲫 4 200 千克，中华鳖 6 300 千克，白鲢 450 千克，收入 225.425 万元，两年净利润 12.245 万元，平均亩净利 1.2245 万元，相当于每年每亩净利润为 6 123 元。

四、上市和营销

据中华鳖与黄金鲫混养试验的实施效果证明，该养殖模式具有很强的互补性与可操作性，生产出的鱼和鳖体质健壮，色泽光亮诱人，口味好，售价高，效益明显，具有良好的推广应用前景。

第十一节 上虞区鱼鳖混养实例

一、养殖实例基本信息

本模式是在上虞市丰惠镇西溪湖阿桥渔庄实施，上虞市丰惠镇西溪湖阿桥渔庄总经理徐桥林，联系电话 13675793875。该渔庄现有养殖面积 180 多亩，主要养殖品种为青虾、中华鳖、鲈、罗非鱼、翘嘴鲌及常规鱼，到目前渔庄已投入建设资金 350 多万元。本模式实施面积 20 亩，放养时间为鲈 5 月 8 日，鲈亩放养为 1 250 尾；中华鳖 5 月 24 日，亩套养中华鳖 25 只。

二、放养与收获情况

1. 池塘条件 养殖区周边 3 千米内无污染源，水源充沛、水质清新、无污染、排灌方便、面积 5 亩左右、水深 1.5～2 米的鱼池。池底平坦、底质以沙黏土为好，少淤泥，便于捕捞，并将池底整平坦。进排水口用细目筛绢网过滤，防野杂鱼等敌害进入。塘埂四周采用 50 厘米高的铝皮作防逃设施，并配备 0.5 千瓦/亩左右的增氧、水泵等机械设备。

2. 放养准备　投放鱼种前 15 天，用生石灰干法清塘，用量为 75 千克/亩，生石灰宜选择质量好的块灰。干塘清塘时在池底挖多个小坑，将生石灰倒入，用水化开，趁热将溶化的石灰水全池泼洒。待清塘清野除杂后，再向池塘施放有机粪肥，亩施 150～200 千克，以繁殖天然生物饵料。约 1 周后，池水中出现大量的浮游生物，即可试水投放鲈鱼种。

3. 苗种放养

（1）鲈鱼种放养　每亩水面放养规格 70～80 尾/千克的鲈苗种 1 250～1 500 尾，放养时间为 5 月上、中旬。

（2）中华鳖套养　套养的中华鳖规格为 0.25～0.3 千克/只，亩套养量为 25～30 只，套养时间为鲈鱼种 15 天后，以 5 月下旬至 6 月上旬为宜。

4. 饲料投喂　前期先对鲈鱼种进行驯食。驯食方法是，在鲈鱼种下塘 2 天后，以固定的投饵信号，将饵料投到事先设置好的饲料台内，待其习惯在饲料台内吃食为止。日实际投喂时，还要根据鲈数量、平均体重、天气状况和摄食情况，确定当日投喂量。日投喂 2 次，时间分别为 9：00、14：00。

5. 日常管理　首先要做好水质的管理工作。6 月，每 10～15 天加注新水 1 次，每次加水 20～30 厘米；7～10 月，每 7～10 天加注新水 1 次，每次加水 15～25 厘米。晴天中午开动增氧机，将池水曝气 2 小时。高温天气、高密度养殖带来塘底大量的残饵和排泄物，分解后致使有害物浓度高，大量消耗水中氧气。因而，要定期适当施放 EM 菌、芽孢杆菌和光合细菌等生物制剂，让有益菌群去除水中的氨氮和亚硝酸盐，以保持良好水质。同时，要勤巡塘、勤观察生长情况、勤检查防逃设施、勤捞杂草污物和勤做记录。

6. 病害防治　坚持"以防为主、防治结合"的原则。鱼种放养前，用 3％～5％食盐水浸洗 10～15 分钟。定期使用微生态制剂调节水质，抑制池塘中的细菌、病毒和其他病原微生物。期间使用阿维、伊维菌素等温和性药物杀虫防病，杀虫剂主要针对车轮虫、斜管虫和小瓜虫等。另外，池水不宜碱性过强，用于防病的生石灰用量每亩（1 米水深）不宜超过 13.5 千克，还可用二氧化氯合剂等进行定期消毒，并定期内服抗菌药饵。

三、养殖效益分析

2012 年 12 月下旬开始起捕，至 2013 年 1 月底干塘起捕，共起捕鲈 11 530 千克。商品鱼平均规格 450 克/尾，平均亩产 576.5 千克，成活率 91.5％，按现有市场价 25 元/千克计，平均亩产值 14 412.5 元；共起捕中华鳖 360 千克，平均亩产 18 千克，按生态甲鱼市场价 150 元/千克计，平均亩产值 2700 元，起捕率达 80％。两项产值合计为 17 113 元，实现总产值 32.78 万元，亩效益达 8 500 元，效益显著。

四、经验和心得

鲈、中华鳖属底层鱼，喜高溶氧的清新水质，因此养殖中要做到勤换水。

第十二节　嘉善县鱼鳖混养实例

一、养殖实例基本信息

浙江省嘉善县六塔鳖业有限责任公司创建于 1996 年，地处嘉善县姚庄镇北部。这里地貌平广，江湖纵横，水源充足，水质良好，自然水生资源丰富，是有名的江南泽国水乡。公司拥有生产基地 3 323 亩，资产总值 2 581 万元。其中，中华鳖养殖面积 2 104 亩，生产的"六塔鳖"已通过无公害农产品和有机产品认证，产品先后被评为浙江名牌、嘉兴名牌、嘉兴市著名商标，2010 年 1 月获得首届"中国名鳖"盛誉，并连续数年获省、市农博会金奖产品。产品畅销全国各地，特别在江、浙、沪地区占有很大份额。产品备受广大消费者青睐。近年来，黄颡鱼养殖普及，市场兴旺，考虑到黄颡鱼对养殖水质的要求与甲鱼无异以及其食性与甲鱼无冲突的特性，公司进行了成鳖池套养黄颡鱼的试验，取得了较好的效果。

二、放养与收获情况

1. 放养前期准备　在冬季捕捞结束后进行清塘，一般为 1～2 月，首先抽干池水，曝晒 2～3 周，然后进水 10 厘米，每亩用生石灰 150 千克消毒，1 周后进水 80 厘米。池塘进水后每亩投入 300 千克螺蛳，既可作为青鱼、甲鱼的鲜活饵料，又能有效利用水体中的浮游生物，控制水体肥度，净化水质。在每亩池底铺施已经发酵腐熟的有机堆肥 400～500 千克，然后注水 40～50 厘米，培养浮游生物，使水质变浓达到嫩绿色或红褐色，池水透明度 30 厘米左右。

用塑料布或其他材料做成与食台平行的遮阴棚，其四边长出食台50厘米。

2. 放养

（1）**鱼种放养** 池塘清塘结束后，一般于2月底放养，亩放老口青鱼种70～80尾（1.5千克/尾左右），花、白鲢鱼种200尾（50～100克/尾，花、白鲢比例为1∶3），黄颡鱼400～600尾（30～50克/尾）。鱼种放养前应做好消毒工作，在2%的食盐水中浸泡5～8分钟。

（2）**鳖种放养** 放养准备当年上市的0.4千克/尾的大规格鳖种，亩放300～350只，放养时间为2～3月。鳖种放养前用2%的食盐水浸泡15分钟，然后放入池塘中。

3. 饲料管理 在中华鳖养殖过程中，提倡采取中华鳖全价配合饲料，比喂其他饲料在经济效益上要好。主要原因为鲜活饲料营养不全面，冰鲜鱼新鲜度不够且带有致病菌和病毒。饲料投喂一定要严格按照定质、定量、定点、定时的"四定"原则。

4. 水质调控 池水要控制在微碱性，且在微碱性条件下水体中的致病菌不易生存；将池水pH控制在7.5～8.0，以降低中华鳖的发病概率。水体透明度以25～35厘米为宜，水色呈黄绿色或茶褐色。日常管理中要保证充气设施的畅通，并根据水体状况调整充气时间的长短，并注意固定充气时间，使中华鳖形成习惯而减少惊扰。定期排污和换水，保持水质优良，确保中华鳖的健康生长。

三、养殖效益分析

2009年六塔鳖业实施鱼鳖混养养殖面积共101亩。共投放鱼种25 597千克、鳖种27 291只、计11 362千克。平均每亩投放鱼种253千克，每亩投放鳖种270只、计112千克。共投入174万余元，平均每亩投入金额为17 228元，共产商品鳖21 205千克、商品鱼77 285千克，产值共计330万余元，平均每亩产值32 677元。其中，商品鳖亩产值25 194元，占亩产值的77.1%；商品鱼亩产值7 483元，占亩产值的22.9%。实现亩纯收入超万元，达到15 000元。

四、经验和心得

此种生产方式对中华鳖生产无任何影响，有效地利用了池塘的生产潜力，并充分利用了饲料。套养的黄颡鱼对水质要求比较高，平时要注意对水质进行调节。

第十三节　柯桥区虾鳖混养实例

一、养殖实例基本信息

　　柯桥区绿源水产开发有限公司是一家以中华鳖日本品系、商品龟、观赏鱼类、南美白对虾养殖为主体的现代农业企业，为农业部生态健康养殖示范基地、浙江省骨干农业龙头企业、浙江省农业科技型企业、浙江省农业标准化推广实施示范基地、绍兴市重点农业龙头企业、绍兴县重点（十强）农业龙头企业和ISO9001—2000质量管理体系认证企业。

　　为降低单养南美白对虾的养殖风险，2006年，该公司尝试在专养中华鳖的池塘中搭养了少量南美白对虾，发现部分池塘南美白对虾产量达到每亩100～200千克。2007—2008年，柯桥区南美白对虾养殖大面积发病，但该公司中华鳖养殖池塘里混养的南美白对虾发病率较低，南美白对虾亩产量在100～400千克。同时，中华鳖起捕率超过90％。这说明，虾鳖混合养殖可以降低南美白对虾的养殖风险，取得较好的经济效益。为更好地推广这一养殖新模式，2009年，公司将试验示范面积扩大至1 500亩，采用3种虾鳖混养模式进行养殖对比。其中，中华鳖放养品种为中华鳖日本品系，放养规格为0.25～0.5千克/只的幼鳖。

二、放养与收获情况

　　（1）以中华鳖为主、南美白对虾为辅的养殖模式，养殖面积500亩，放养密度为中华鳖400只/亩、南美白对虾5万尾/亩。

　　（2）中华鳖与南美白对虾并重的养殖模式，养殖面积500亩，放养密度为中华鳖250只/亩、南美白对虾7万尾/亩。

　　（3）以南美白对虾为主、中华鳖为辅的养殖模式，养殖面积500亩，放养密度中华鳖50只/亩、南美白对虾10万尾/亩，使其相互促进，协同生长。

三、养殖效益分析

　　该公司1 500亩试验示范基地于2009年5月按照虾鳖混养3种模式投放

苗种，共收获南美白对虾 390.5 吨，实现销售产值 976 万元；中华鳖日本品系生长正常，根据抽样测产情况分析，中华鳖日本品系商品规格在 0.75～1 千克，部分达到 1.5 千克左右，成活率达到 90%，可收获中华鳖 406.9 吨，实现销售产值 2848.5 万元，实现效益 1 392.3 万元。其中，以中华鳖、南美白对虾并重模式亩利润最高，达到 8 574 元；其次为中华鳖为主、南美白对虾为辅模式，亩利润 7 027 元；而以虾为主、中华鳖为辅模式，亩利润为 4 011 元。

四、经验和心得

虾鳖混合养殖技术，采用南美白对虾和中华鳖混合养殖方式。中华鳖主要生活在池塘底层，南美白对虾生活在水体的中下层，虾鳖混养充分利用了池塘的垂直空间，有效降低了单一品种的养殖密度，有利于中华鳖和南美白对虾的生长。残饵在池塘中可以被套养的生物利用，进一步提高了饲料的利用率，降低水中有机物的含量。同时，中华鳖可以摄食不灵活的病虾和刚死的死虾，中华鳖的池底活动也有利于底泥中有害物质的释放和挥发，有效清除了对虾疾病的传染源。虾鳖混合养殖技术的养殖模式，充分利用了水体空间和不同养殖品种之间的食性关系和互补性，最大限度地提高了单位面积的产出率。

第十四节　温岭市虾鱼鳖混养实例

一、养殖实例基本信息

温岭市担屿水产养殖专业合作社位于城南镇国庆塘，成立于 2008 年，现有社员 15 人。合作社建立了 500 亩"无公害南美白对虾标准化养殖示范区"。2013 年，南美白对虾产量达 175 吨，淡水鱼 30 吨，产值可达 560 万元。其中，南美白对虾产值 500 万元，利润达 220 万元，净增收 40 万元，户均增收 2.6 万元，辐射周边养殖户面积可达 1 620 亩，有效地促进了渔民增收和南美白对虾产业的发展。为探索南美白对虾的健康生态养殖模式，2010 年温岭市水产技术推广站在担屿水产养殖专业合作社生产基地开展了南美白对虾套养中华鳖与淡水鱼试验，取得了较好的经济、生态效益。

二、放养与收获情况

1. 池塘条件　池塘平均面积 15 亩左右，四周设置防逃设施，具环沟，沟深为 0.5～0.6 米、宽 5～6 米，沟滩比 1∶3，滩面蓄水深 1～1.5 米，进排水渠分开，进水口安装 80 目的筛绢袋，出水口安装 40 目的筛绢袋。水源水经沉淀后使用，符合养殖水质要求，每口池塘各配置 1.5 千瓦的水车式增氧机 4 台。

2. 放养前准备　年初对池塘彻底清淤曝晒并经改造。4 月下旬进水过滩面，采用漂白粉化水清塘，每亩 20 千克，4 月 28 日往池塘内注水 15 厘米，视水质情况进行肥水，水质以黄绿色为好。

3. 放养　5 月上旬，每亩放入 0.8 厘米的健康虾苗 5 万～6 万尾；5 月下旬，每亩放入鲫夏花 320 尾、花白鲢夏花 30 尾、草鱼夏花 20 尾左右；6 月中旬，每亩放入 350 克左右的中华鳖 30 只。

4. 养成管理

（1）饲料投喂　养殖全程投喂南美白对虾配合饲料，虾苗投放后 7 天开始投喂，根据饲料说明及南美白对虾个体大小选择适口粒径的颗粒饲料。每天早晚各投喂 1 次，沿池塘四周投喂。投喂时间为 6∶00 和 17∶00，傍晚投喂量占全天量的 60%。投饲量根据季节、天气、水温等环境因子与南美白对虾的摄食状况随时调整。

（2）水质调控　养殖期间保持透明度 30～40 厘米，水色黄绿色或黄褐色，pH7.0～8.5。养殖前期只加水不换水，养成中、后期视水质情况酌情换水，每次换水量不超过 20 厘米。定期使用微生物制剂和底质改良剂，放苗后 1 个月视水质情况，每隔 15～20 天使用微生物制剂调节水质，保持水质稳定。高温期视池塘底质有机物沉积情况，投放底质改良剂。

（3）病害防治　主要采取"以防为主、综合防治"的方针。

（4）巡塘记录　养成期间坚持早晚巡塘，观察水色、水位、对虾鱼类活动、摄食情况、增氧设备运转情况，定期测量水温、盐度、pH 以及对虾的生长情况。按照无公害养殖要求，做好养殖日志。

（5）收捕　视养殖塘密度及对虾生长情况，采取轮捕方法，以获得较好的经济效益。捕捞时采用地笼网前加大口径网片网具。

三、养殖效益分析

2010 年，温岭市担屿水产养殖专业合作社在 35 亩池塘开展开展虾鱼鳖混养试验。综合亩产量 558.3 千克，综合亩产值 15 212 元，扣除亩生产成本 5 841 元后，亩利润 9 371 元，较南美白对虾单养塘综合亩利润 7 032 元提高了 2 339 元，南美白对虾单产 465.9 千克，较单养模式的 389.7 千克提高单产 76.21 千克。

四、经验和心得

（1）虾鱼鳖生态混养，对提高南美白对虾产量、减少病原体传播、改善养殖环境效果明显。

（2）套养中华鳖，主要原因防逃设施要到位，捕捞时防止中华鳖误入网具窒息死亡，采用在入口处加盖大网目网片。

（3）工厂化培育的鳖种虽经过半年多的池塘生态养殖，但鳖的质量与生态养殖的还有一定距离，鳖的经济效益较低。如选择相同规格生态养殖的鳖种，或延长套养时间，鳖的质量与经济效益可能更好。

第十五节　常山县鱼鳖混养实例

一、养殖实例基本信息

常山县芳村镇欣涛淡水鱼专业合作社利用官家蓬水库开展鱼鳖混养，面积 45 亩，小水库鱼鳖混养模式正好改变了当年上市的快速养殖法，改为 2～3 年养成的仿生态养鳖法，从而恢复了鳖传统的外形、口感和品质，其价格也大幅度提高。

二、放养与收获情况

1. 水库选择　官家蓬水库基本与普通水库相同，水质好，环境安静，水源清洁，无污染，阳光充足，符合中华鳖的生态习性。

2. 水库工程改造　在水库四周建 60 厘米高的防逃设施，材料有水泥瓦

（板）铝合金板、砖等建筑材料，上端向内伸出 10～15 厘米的倒檐，呈 厂状，墙脚入土 20 厘米左右，围墙四周不要产生有直角，砌成圆弧形，防止鳖外逃。进、排水口安装牢固的防逃栅。在水库边建 1 个露出水面的沙洲或在库中建 1 个人工小岛，小岛可用毛竹做竹排固定在水面上，面积大小可根据水库大小和鳖的放养量来定，便于鳖上岸活动，即"晒背"，可兼用投饵台，一举两得。

3. 鱼鳖混养技术

（1）鱼种、鳖种放养前准备 鱼种、鳖种放养前用生石灰彻底清库消毒，每亩（水深 1 米）用 100 千克生石灰溶化后均匀全库泼洒，杀灭有害生物，7 天后毒性消失后方可放养苗种。同时，用经发酵好的有机肥培育水质，并分批投放螺蛳供其自然繁殖，提前为鳖准备好天然饵料。

（2）鱼种和鳖种放养 一是常规鱼种放养，要求鱼种规格整齐、均匀、无病无伤和活动能力强，每亩水面放养规格 200～350 克/尾的鲢、鳙 260 尾左右（鳙占 20%～30%）；放规格 30～50 克/尾的鲫、鳊 150 尾左右；放规格 100～200 克/尾的草鱼 100 尾左右。不放养青鱼和鲤，因青鱼和鲤与中华鳖争食螺蛳等底栖饵料。春节前后放养常规鱼种，放养时用 5% 盐水浸泡鱼种 5～10 分钟进行消毒，以杀灭鱼种体表可能带来的寄生虫和病原体。二是鳖种放养，亩放规格为 150～300 克/只的鳖种 200～300 只，要求鳖种体质健壮，反应敏捷，行动迅速，背甲宽厚，体表无伤，无病，体色鲜亮有光泽。放养时间最好在 3 月下旬至 4 月上旬为好，此时水温在 20℃左右，有利于中华鳖尽快适应水库条件，但温室鳖种放养应在 5 月下旬至 6 月上旬为佳。温室鳖种放养前，需做好从高温到低温的适应性锻炼，放养前 3 天停食，放养时鳖池水温应与水库的水温要大体保持一致，放养时用 20 毫克/升的高锰酸钾浸泡鳖种 5～10 分钟进行消毒，以杀灭体表可能带来的寄生虫和病原体。

（3）饲料投喂 根据养殖品种不同，投喂颗粒饲料、青草和动物性饲料等，一般每天都需要投喂，上、下午各投喂 1 次，还需要根据鱼类活动摄食情况，视天气、水质、季节变化等情况决定日投喂量，一般日投喂量按鱼体体重的 3%～5% 计算；但具体要根据鱼类吃食情况等酌情增减；鳖是杂食性动物，饲料应以动物蛋白为主、植物蛋白为辅，投喂新鲜动物饵料为鳖体重的 10%～15%，配合饲料为鳖体重的 3%～5%，还应根据天气、水温和鳖生长情况灵活掌握，每次投喂以 2 小时吃完为度。不投腐烂变质的饲料，以防鱼鳖生病和中毒，投喂应严格按照定时、定位、定质、定量的"四定"原则进行。并根据水库里螺蛳等天然饵料多少随时增殖，为中华鳖提供充足的天然饵料。

（4）病害防治　病害防治要遵循"无病先防、有病速治"的原则，并做到对症下药，将防病、治病贯穿整个养殖过程中的各个环节。从 5 月下旬开始，每隔 20～30 天，用 10～15 千克生石灰溶水后全库泼洒 1 次，进行杀菌、消毒和改良水质，每周清洗饵料台 1 次，保持水库内环境及周边环境的清洁卫生；定期在饲料中加入中草药、免疫多糖和维生素等药物，增强鱼鳖体质，减少疾病发生。

（5）日常管理　一是水质调控，每隔 20～30 天，每亩（1 米水深）用 10～15 千克生石灰加水调配成溶液全库泼洒，改良水质，既起到消毒防病的作用，又能起到补充鳖生长所需的钙质；二是巡塘库，坚持每天早、中、晚巡库察看鱼鳖吃食活动及水质变化情况，检查防逃设施，汛前还要对防逃墙、进、出水设施进行维修和加固，发现病死鱼、鳖，要及时捞出，进行无害化处理；三是做好防逃、防盗工作，及时做好放养、投喂、用药、起捕和销售等记录，并整理归档。

（6）捕捞上市　鱼鳖混养水库，由于鳖性喜欢安静，无特殊情况不宜拉网，以免打扰鳖的正常生活。平时需要起捕可以用垂钓和地笼捕捞上市，年底放水，降低水位先拉网捕鱼，待鱼类起捕率达 80％ 以上时，干库捕捉成鳖，经挑选分级后上市销售。

三、养殖效益分析

2013 年 1 月，放养草鱼、鲫、鳊、鲢、鳙等常规鱼种近 4 000 千克；3 月下旬放养越冬鳖 4 000 只、重 1 150 千克。采用鱼鳖混养模式，年底共生产常规鱼类 29 630 千克、成鳖回捕 2 463 千克；鱼的产值 36.23 万元、鳖的产值 78.81 万元（垂钓收入 3.4 万元），合计总产值 115.04 万元。扣除总支出 37.17 万元，其中，苗种费 19.61 万元、饲料费 11.43 万元、渔药 0.38 万元、水电费 1.5 万元、水库承包费 0.65 万元、防防逃设施折旧费 3.6 万元，总净收入 77.87 万元，平均亩收入 1.73 万元。投入产出比为 1∶2.09，比专养鱼的水库亩新增收近万元。

四、经验和心得

一是能充分利用水库水体资源；二是不影响常规鱼的产量；三是正常死亡

的鱼类可以作为鳖的饵料，实践证明，鳖能吃掉行动迟缓的病鱼及死鱼，起到了防止病原体传播和减少鱼病发生，鳖吃不到无病无伤好鱼，因为鱼的游动能力远较鳖敏捷快速，鳖的活动很迟缓，难于取食鱼类；四是经济效益比常规养鱼可提高 1 倍以上。

第十六节　德清县鳖稻共作养殖实例

一、养殖实例基本信息

浙江清溪鳖业有限公司是我国著名养鳖企业，专业从事清溪花鳖繁殖、养殖并进行深加工，集农、工、科、贸于一体的湖州市农业龙头企业。近年来，公司与省水产技术推广总站合作，又培育出了清溪乌鳖新品种。公司现有无公害养殖基地 3 200 亩，稚鳖培育室 50 000 米^2，年产商品鳖 400 吨，总资产达 4 000 余万元，职工 156 人，其中科技人员 25 人，有工程师以上技术职称的 6 人。总经理王根连首创中华鳖与农作物生态轮作、共作模式，几年来取得了很好的生态、经济和社会效益。其中，中华鳖与有机稻共作模式影响最大，已在全省很多地方推广。稻鳖共生模式充分利用了动植物间的互补效应，养鳖肥田、种稻吸肥，既保护了生态环境，减少了农业面源污染，又保证了粮食的安全，保证了水产的发展，解决鱼粮争地矛盾，还从源头上提高了农产品的产品质量，节约了能源和资源（节水型养鳖），是一种良性的高效生态循环农业模式。

二、放养与收获情况

1. 池塘准备　在池塘两侧沿塘埂挖低蓄水养鳖，水深 0.6 米，整个水域占池塘总面积的 10%，其余部分种植水稻，鳖既可以生活在水里，也可以生活在稻丛里，迎合了中华鳖这类两栖动物的生活习性，使其生活环境有了极大提高。亩放养 200~250 克/只的幼鳖 500~700 只，水稻生长全程不施肥、不用药，只投喂中华鳖饲料。

2. 水稻品种的选择　根据播种时间及插秧密度，选择感光性、耐湿性强的，株型紧凑、分蘖强、穗型大、抗倒性、抗病能力强的品种为主。

3. 种养时间　根据不同模式、不同播种期、不同育秧（人工栽稻和机械插秧）的方式而不同。4月中华鳖先放养在暂养池里；5月种水稻，以宽窄行模式播种，每亩8 000丛左右；5月底至6月初，将暂养池里的中华鳖散放到稻田，实现共生。

4. 水稻水浆管理　插秧以后以浅水为主，促早分蘖。7月中旬拷好田，以后以浅水为主，10厘米左右；9月以深水为主，灌20～30厘米水；收割前20天排水拷田，直至收割机能下田收割为止。

5. 中华鳖饲养管理　5月初开始投喂饲料，饵料固定投在水沟位置。拷田时，慢慢降低水位，不影响中华鳖觅食。日投饲量根据气温变化，正常时占鳖体重的1%～1.5%，每天2次。

6. 水稻收割与中华鳖越冬　①如果中华鳖在塘里要继续越冬，那么水稻收割后，必须把稻草及时搬出池塘，而后灌满水；②商品中华鳖捕完后再收割水稻的，稻草可以直接还田、翻耕，以便翌年继续种稻、养鳖。

三、养殖效益分析

2013年，浙江清溪鳖业有限公司共实施鳖稻共作面积896亩，10～11月收割水稻，商品中华鳖上市销售。亩产中华鳖200千克、稻谷450千克（最高亩产达到620千克）。亩产值26 081元，亩成本16 410元，亩收益9 671元。效益显著，充分实现"百斤鱼千斤粮万元钱"养鱼稳粮增收的愿望。

四、经验和心得

水稻种在鳖池里，中华鳖养在稻田里，实现两者的有机互补，优点显著：①稻鳖同时生长，提高了土地利用率和产出率，增加了经济效益；②鳖稻共作，利用鳖来吃虫驱虫、利用鳖粪便做肥料，不施肥不打药，可以从根本上杜绝农药、化肥的使用，保证了农产品的质量安全；③鳖稻共作，为鳖提供了广阔的可以不受惊扰的原生态栖息场所，而且食物链更丰富，可以获取更多的原生态野生杂食，鳖的生长更健康，营养更丰富。

五、上市和营销

2008年，在中华鳖市场价格普遍下滑的情况下，公司不仅商品鳖产量增加 40％，而且销售价格提高 20％以上。公司注册的"清溪"牌商标 2008 年 4 月获中国驰名商标证书，清溪牌花鳖（中华鳖）被农业部授予"中国名牌农产品"称号。公司在全国各大城市设有 15 个专卖店和 70 多个销售网点。2008 年公司生产商品鳖 300 吨，总产值 2 500 万元，创税利 800 万元。近年来，还从鳖稻轮作发展到鳖与大小麦、油菜、玉米轮作等多种模式。清溪鳖和清溪大米也成为消费者追捧的高端农产品。清溪大米一直以高价、优质的面目现世，帐子大米（稻鳖轮作米或稻鳖共生米）售价 36 元/千克，最高端的香米价格高达 98 元/千克，并且已经打入了哈尔滨市场；而清溪鳖的价格也一直远高于市场上的其他鳖类。

第十七节　安吉县稻鳖共作养殖实例

一、养殖实例基本信息

2013 年，安吉县稻田养鱼面积 1 537 亩，主要分布在天子湖、梅溪、溪龙、递铺、上墅和杭垓等乡镇，种养模式为稻虾轮作、稻鳖共生。其中，稻鳖共作示范基地 2 个，面积 660 亩，分别为：安吉高庄中华鳖养殖专业合作社（负责人：谢连贵，联系电话：13757070755），面积 500 亩；安吉县旺旺水产专业合作社（负责人：郑永贵，联系电话：15715890718），其中，高庄基地面积为 160 亩。

二、放养与收获情况

1. 设施条件　鳖池四周建好防逃设施，池底还是泥土，开好沟，一般水沟面积占 5％～8％，离田埂 5～6 米，方便投饲料。

2. 品种选择　水稻品种为农作站提供的春优 84，产量高，米质好，抗倒伏性强；鳖种选择为日本品系中华鳖。

3. 方法　秧苗 5 月 16 日在育秧大棚中培育，6 月 5 日移栽到稻田，采用机插法，直到水稻成熟整个过程中不施肥、不施药。中华鳖放养时间为 6 月 25 日，放养规格为 400～500 克/只，亩放养量为 680 只，投喂配合饲料为主，定时、定量投在鱼沟里，经过 4 个月的饲养，当年培育成 750～1 000 克的商品鳖中华鳖，水稻 10 月初进行排水、拷田，使得中华鳖慢慢爬入鱼沟，达到商品鳖规格的中华鳖，则进行起捕。

三、养殖效益分析

水产站和农作站到基地进行了测产验收，高庄中华鳖养殖专业合作社鳖稻共生 500 亩的效益情况为：中华鳖亩产 413.9 千克、水稻单产 397.25 千克，中华鳖产量为 206.95 吨、水稻产量为 198.625 吨（折成米 139.037 5 吨），亩产值 22 660.8 元（中华鳖亩产值 18 211.6 元、稻亩产值 4 449.2 元），亩成本 15 100 元，亩利润 7 560.8 元，总产值 1 133.04 万元，总成本 755 万元，总利润 378.04 万元。

安吉县旺旺水产专业合作社 160 亩的效益情况为：中华鳖亩产 377.4 千克、水稻单产 422.76 千克，中华鳖产量为 60.384 吨、水稻产量为 67.641 6 吨（折成米 47.35 吨），亩产值 21 340.6 元（中华鳖亩产值 16 605.6 元、稻亩产值 4 735 元），亩成本 14 800 元，亩利润 6 540.6 元，总产值 341.449 6 万元，总成本 236.8 万元，总利润 104.649 6 万元。

四、经验和心得

推广之初，水产站积极与农作、植保和农机等科站加强工作沟通，整合了各自的技术优势，提出新模式的技术路线，邀请浙大、省淡水所等高校院所的专家教授和德清清溪鳖业老总王根连到安吉开展专题技术培训，全方位提高种养户的知识水平，并组织规模大户到清溪鳖业实地参观先进的稻田养殖技术，拓宽了养殖户的视野，有力保障新模式的推广应用。

五、上市和营销

鳖稻共生取得了良好的效益，亩利润在 6 500～7 500 元，鳖的价格比池塘养殖的要高 2 元左右，如果品牌打响了、社会知晓度高了以后，价格还会远远提升，稻米价格在 8 元左右，远比普通大米高。通过示范推广，养殖户养殖的积极性逐步提高，今后的养殖面积还会增加。

第十八节　衢江区稻鳖共作养殖实例

一、养殖实例基本信息

稻田养鱼，是创新农作制度、探索新型种养模式、发展循环农业的重要组成部分。衢江区是传统粮食大区，区域内水资源丰富，稻田面积广阔。全区有水田 16 万亩，且 90％以上水田灌溉用水有保障。稻田养殖对于我区调整农业产业结构、提高农业产品附加值、增加农民收入具有特殊的意义。为有效推进养鱼稳粮增收工程，2011 年以来，在莲花、大洲、杜泽、全旺等乡镇先后建立了稻鱼共生、稻鳖共生、茭白鱼共生、稻鳖轮作等多种模式的试验示范基地。大洲镇狮子山村的稻鳖共生示范基地选址合理、设施完善、操作规范、效益明显，已经逐步发挥其示范带动作用。现将该基地的模式特点和技术要领介绍如下，稻田养鱼也可作参考。

二、放养与收获情况

（一）田间改造

1. 防逃、防盗设施　稻鳖共生模式首先需要考虑防逃和防盗，因此，一次性基础设施投资比较大。狮子山稻鳖共生基地一期工程采用了砖砌防逃和高速公路护栏网防盗的方式，经测算其每亩稻田的防逃、防盗设施投入高达 3 000 元。因此，宜选择节约成本的材料。建议防逃选用石棉瓦围栏，防盗采用简易的金属护栏网或竹茄。石棉瓦围栏每米约 15 元，简易金属护栏网每米约 35 元。以 30 亩方形稻田为例，其防逃、防盗设施经测算每亩约 1 100 元。

2. 鱼坑和鱼沟　开挖鱼坑，是为了在插秧、搁田、收割等田间操作过程中，让中华鳖有个安全的暂养场所，也有利于中华鳖的捕捞。鱼坑可以开挖在田的一边或一角（方便饲料投喂和管理），也可以开挖在田块中间（中华鳖或鱼不易受惊扰）。鱼坑的开挖面积一般占稻田面积的 5％左右，并与鱼沟相通。鱼坑的宽度按照田块大小调整，一般要求在 2 米以上。鱼坑深度在 1～1.5 米。

开挖鱼沟，是为了使中华鳖更方便地在鱼坑和稻田之间进出，可以开围沟（即四周开沟），也可以开十字形沟，具体方式可按照实际情况确定。鱼沟的开挖面积占稻田面积的 5%～8%。鱼沟的宽度一般在 0.5 米左右，深度在 30～40 厘米。

3. 进、排水渠 稻田的进、排水渠最好做到自流灌溉、自流排放，如因地势原因无法做到自流灌、排的，则首先满足自流灌溉。

进水渠采用明渠或管道均可，要求每块稻田均能独立灌溉，这是考虑到病害防治的需要。做不到灌排分开的，则建灌排两用渠道，但在中华鳖发病时，应注意不要将发病稻田排出的水灌入其他稻田。

（二）苗种放养

每亩放养规格 150 克以上的中华鳖 300 只。放养规格必须达到 150 克以上，规格过小容易被鹭鸟类伤害。放养时间可以选择在水稻播种之后，一方面中华鳖这时候已经冬眠结束，并已经适应正常气温；另一方面也不易与水稻种植产生矛盾（放养规格大的中华鳖，容易将刚播种的稻秧爬倒）。中华鳖苗种在放养前应进行消毒，可以用 3% 的食盐水或百万分之十的聚维酮碘浸浴 10～20 分钟。

（三）水稻的种植和栽培

水稻品种应选择优质、高产、高抗、生长周期较长的超级稻 "Y-两优"系列、"中浙优"系列、"甬优"系列等品种的单季晚稻。狮子山稻鳖共生基地今年种植 "甬优 15"，预计稻谷亩产量可以达到 700 千克以上。

水稻种植插秧时宜采用 "大垄双行"（也称宽窄行）的栽种方式，宽行的行宽应大于 35 厘米，既能发挥水稻产量的边际效应，也有利于水稻通风透光和鱼的游动。

不施农药或施用少量低毒农药，可以安装使用诱虫灯，减少水稻虫害的发生概率。不施化肥或略施少量有机肥。确有必要使用农药或化肥的，必须将中华鳖集中到鱼坑中，排水时要慢，确保中华鳖随水进入鱼坑；使用农药时要注意不要将药液撒入鱼坑，农药使用 1 天后灌入新水。

（四）投饵和管理

用石棉瓦在鱼坑的合适位置设置饵料台，将粉状饲料制成团状放置于石棉瓦上投喂。如果投喂的是膨化颗粒饲料，则可以用塑料管制成框，将浮性的膨化颗粒饲料投喂于框内。每天上、下午各投喂 1 次，每次投喂后要检查吃食情况，根据吃食情况适当增减投喂数量。

高温季节应注意及时补充新水。汛期要经常检查稻田的水位情况和进排水口的情况，发现堵塞及时清理，避免稻田受洪水影响产生中华鳖外逃。

三、养殖效益分析

该基地自 2012 年开始养殖中华鳖，亩放养规格 200 克/只的中华鳖 300 只，经过不到 2 年时间的养殖，经初步测产，每亩中华鳖净增重 108 千克，年亩增效益达 2 万余元，增收效果显著。

四、经验和心得

（1）实践证明，10% 左右面积鱼坑和鱼沟的开挖，对稻谷产量的影响甚微。如要追求养殖产量，可以适当增加鱼坑和鱼沟的开挖面积。

（2）加宽、加高的田埂上可以进行立体种植利用，特别是鱼坑一侧，可以搭架种植丝瓜、苦瓜等经济作物，既充分利用了空间，也可以给中华鳖提供一个遮阴、安静的生长空间，还能起到防鸟的作用。

第十九节　常山县鳖莲共作养殖实例

一、养殖实例基本信息

莲鳖种养模式，是在同一水体中既种藕收莲又养鳖，莲鳖长期或短期共同生活在一起的种养结合方式，是莲鳖双高产的一项先进技术。莲田中大量的水生杂草、水生昆虫、底栖动物与藕争水、争肥、争光，影响了莲的生长，但它们可以作为鳖类的饵料。莲田中养鳖，不但可以为莲田除草，控制莲田病虫害，同时，鳖对降低莲田容重、增大土壤空隙度、提高土壤肥力都有明显成效。因此，莲鳖混养既可以改善鳖的品质，又可以使莲籽增产增收。常山县白石镇周家源村林方良养殖户，经过几年实施积累了丰富经验，到 2010 年发展到莲鳖养殖面积 130 亩，莲子产量达 9 110 千克，鳖产量达 26 000 千克，取得了良好的经济和社会效益。

二、放养与收获情况

1. 养殖基础设施建设　莲鳖田修整，将选好的莲鳖田平整后，施足底肥亩施粪肥 2 000～2 600 千克，加过磷酸钙 50～60 千克。沿田埂四周用水泥砖筑成 60 厘米高的防逃墙，防逃墙的顶部一定要出檐，出檐的宽度以向池内伸出 10 厘米左右为宜。田埂对侧分别留出进、排水口，用钢窗拦好，在田边用浮板或水泥瓦作为鳖的投饵台。在田中央修建 1 个小岛供中华鳖晒背。

2. 莲籽栽植 莲籽遗传基因高度杂合，有性繁殖的莲苗会产生不定向变异，所以生产上以种藕进行无性繁殖，并选用健壮种藕。3 月底、4 月初栽种藕 200 株/亩左右，株行距 1.5 米×（1.5～2）米，藕头向田内，以三角形定型定植为好。

3. 苗种放养 水温稳定在 20℃以上时即可放养幼鳖，自然环境中的幼鳖，一般可在 4 月中、下旬放养，亩放规格 100 克左右的幼鳖 280～300 只，混养草鱼、鲫 30 尾左右，下田前用 5% 的盐水浸洗 3～5 分钟。

4. 科学喂养 幼鳖下田后，每天以投喂小鱼虾、动物内脏等动物饲料为主，搭配豆饼、浮萍等植物性饲料。每天上、下午各投喂 1 次，做到投喂"四定"，日投喂量占鳖体重的 2% 左右，饲料新鲜，适口，投饵要合理且均匀。亩一次性投放螺蛳 40～60 千克，螺蛳既净化水质又能自己繁殖，可作为鳖的活饵料食用，螺蛳增殖后就形成了一个良性循环的生态链，能节约饲料成本。

5. 日常管理 常巡田检查，清除残饵残渣和暴雨季节疏通排水口，适时调节水质，加强防逃，防病，每月定期用 10 毫克/升生石灰全池泼洒消毒和食台消毒等工作。

三、养殖效益分析

2010 年，130 亩收莲籽 9 110 千克，产值 273 300 元；鳖 26 010 千克，产值 2 601 000 元，合计总产值 2 874 300 元。莲鳖成本 1 923 000 元，其中，承包款 108 320 元费、莲种 70 200 元、耕田和播种费 36 700 元、肥料和药物费 34 310 元、鳖种费 742 255 元、饲料费 736 215 元、其他支出 195 300 元。莲鳖总净收入 950 930 元，平均亩净利 7 315 元。

四、经验和心得

（1）由于鳖的活动能促使土壤疏松、透气性好，鳖粪又可以肥田，可少施肥料，省肥省工。

（2）莲鳖共生模式，还可以结合开发观花、采莲、品鳖等一系列相关游玩项目，进一步增加经济效益。

第二十节　秀洲区鳖菱共作养殖实例

一、养殖实例基本信息

嘉兴市秀洲区垚泉生态农场成立于 2009 年，注册商标为"秀家园"。中华鳖养殖已经有 7 年历史，养殖面积逐年扩大。农场位于嘉兴市秀洲区新塍镇桃园村，离市中心仅 15 千米，紧靠申嘉湖高速公路出口，距上海、杭州均不到 100 千米，与苏州仅一河之隔，地理位置优越；水路方面紧邻京杭大运河，水陆交通便捷，运输方便。农场现有养殖基地 240 亩，主营中华鳖和南湖菱，年产生态鳖 2.5 万千克，是秀洲区一家规模较大的生态有机中华鳖健康养殖基地。农场负责人高培根 2006 年开始尝试在 60 亩中华鳖塘套种南湖菱，获得了菱鳖双丰收的好效益。生产的有机中华鳖外观色泽光亮，裙边宽厚，趾爪尖利，胶质蛋白丰富，肌肉结实，口感味美香醇，具有抗癌、降血脂、强身健脑和提高人体免疫能力等保健功效。

二、放养与收获情况

1. 池塘　每口池塘 5 亩以上，塘深 1 米以上，进排水分离，远离道路、村庄，无污染源。

2. 放养　每年 2 月底至 4 月放鳖，品种是中华鳖（江南花鳖），每亩放规格为 0.25 斤/只的鳖苗 300 只；5 月播菱，菱面积控制在池面积的 2/3 左右。

3. 管理　鳖全部投喂冰鲜鱼，每天投 2 次，8：00、17：00 各 1 次。每半个月饲料中添加维生素 C、维生素 E，主要是增加鳖抗病力；水体每隔 20 天，用生物制剂 1 次培育水质。发病季节，定期饲料中添加中草药防病，水体全池泼洒含氯制剂消毒防病。

4. 收获　菱每年 8 月采摘上市，中华鳖规格达到 0.75 千克以上开始起捕上市。

三、养殖效益分析

当年实现总产量 102 960 千克, 其中, 中华鳖产量 54 020 千克。实现总产值 5 065 632 元, 总效益 1 579 680 元, 平均亩产值达到 21 107 元, 亩产量 429 千克, 亩效益 6 582 元。

四、经验和心得

鳖的体色跟环境有着密切联系, 中华鳖塘里套种菱, 一方面菱遮掉部分阳光, 使水体光线较暗; 而菱秧烂掉后沉入塘底, 使得塘底淤泥乌黑, 两方面作用使得鳖的体色特别乌黑发亮。同时, 种菱能降低水温, 虽然鳖生长速度较以往有所降低, 但肉质更加结实, 品质得到显著提高。

五、上市和营销

垚泉菱鱼鳖精品园于 2011 年被列入第四批省级现代渔业园区创建点, 园区占地面积 208 亩, 园区分为四区一带共五个功能区, 分别为公建配套区、种苗繁育区、种养结合区以及绿化隔离带, 布局合理, 环境优美, 真正做到了繁育一体化, 保证了产品的质量安全。园区自建设以来共投入资金 269.54 万元, 主要用于基础设施建设、养殖机械配套以及环境的改善。园区主要进行鱼菱鳖种养结合模式的推广, 通过种养结合的合理搭配, 提升养殖效益, 同时辐射带动周边农户发展水生种养业, 大大提高我区北部湿地的利用率, 提高了土地产出率, 有效拓展了农业发展空间, 促进农业的转型升级。

第二十一节　余姚市中华鳖与茭白共作实例

一、养殖实例基本信息

余姚市河姆渡镇是"中国茭白之乡", 20 世纪 90 年代以后, 河姆渡镇广大农民充分利用水网平原独特的土壤水利条件, 发挥优势, 大力发展茭白生产, 短短几年, 全镇茭白种植面积就达到了 3 万亩, 年产茭白突破 10 万吨,从茭户数已占全镇农户总数的 90％，初步形成了以河姆渡镇为中心的姚东区域特色种植带。但随着种植业的发展，茭白生产深受福寿螺的危害。为了摸索生物防治福寿螺的方法，河姆渡镇小泾浦村钱爱忠养殖户 2004 年开始在自己的 8 亩茭白田进行中华鳖套养防治福寿螺试验。经过 3 年的探索研究，2007 年克服了种植与养殖的关键难题，总结摸索出了一套成功的茭白田中华鳖套养技术，在不影响茭白正常生长产出的同时，不但有效地防治了茭白田福寿螺的危害，还增加了深受市场青睐的新品种——茭白田中华鳖。

二、放养与收获情况

1. 场地准备　茭白面积 78 亩，配备 2 口约 500 米^2 的自然池塘，用于中华鳖的回迁与暂养。茭白田集中连片，灌排水畅通，周围用彩钢瓦围住，进出水沟用铁丝网拦截，以防中华鳖外逃。

2. 品种选择

（1）**中华鳖**　选择身体匀称、活动能力强、健康无病害的中华鳖为放养鳖种。该鳖种在温棚中经历稚鳖培育，生存能力强，抗病性好。

（2）**茭白**　选择本市主栽品种，即河姆渡双季茭、浙大茭白及八月茭。其中，河姆渡双季茭面积 7.5 亩、浙大茭白种植面积 60.5 亩、八月茭种植面积 10 亩，河姆渡双季茭、浙大茭白为双季茭，八月茭为单季茭。

3. 放养前准备　河姆渡双季茭于 3 月 25 日种植，每亩插 1 260 墩；八月茭 3 月 27～28 日种植，每亩插 1 330 墩；浙大茭白 6 月底种植，采用宽窄行种植方法，每亩插 1 670 墩。已种植茭白田块 5 月底前开好田字形深沟，沟宽80 厘米、深 50 厘米；种植浙大茭白田块也同时开好深沟，先放养中华鳖后插种茭白。这样，农事操作时有利于中华鳖返回沟中躲避，以及在 7～8 月高温季节降低水温，使沟底水温不超过 32℃，不影响中华鳖的正常生长。开沟时稍加宽加固四周田塍，便于中华鳖栖息。放养前，田四周围上防逃设施，材料采用 1 米高的彩钢瓦，30 厘米埋入土中、70 厘米留在上面，最上部用竹片、铁丝加固。

4. 中华鳖放养及管理　连续 3 天水温达到 20℃以上时，方可放养中华鳖，以保证幼鳖成活率。5 月 20～22 日测试水温与气温，此时，平均气温达到28℃，水温达到 22℃。5 月 29 日 16：00 放养，在 78 亩试验田中放养中华鳖 2 160 只，每亩放养 27.7 只，规格为 288 克，雌雄比为 1∶1。放养前中华鳖用

0.01%高锰酸钾溶液消毒10～15分钟，至中华鳖表皮发黄后，即刻均匀放养到茭白田中。由于放养密度较高，6月20日左右，原茭白田中的福寿螺、薄壳螺、小鱼等水生动物已基本被中华鳖吃尽，需投放饲料。投放饲料的品种是小鱼与福寿螺（在周边茭白田、水渠、江河等通过人工捕获），6月下旬开始投放小鱼，时间1个月，每天平均投入11.4千克，合计投放数量343千克，平均每亩4.4千克；8～9月投饲福寿螺，每天平均139千克，合计投饲福寿螺8 340千克，平均每亩106.9千克，以满足中华鳖生长的需要。

5. 茭白田间管理 中华鳖放养期间，茭白按常规生产方式进行管理，包括施肥、搁田和施药等。施药时不得擅自增大用药浓度，采用喷雾方式，不散施或泼浇，应选择在晴朗无风的天气进行，夏季应在10：00前或16：00后进行，严禁在刮风或下雨时施药。

6. 生态鳖、茭白收获 中华鳖在茭白田中生态养殖5个月后，至11月上旬气温明显下降时陆续起捕销售。共捕获中华鳖1 625只，成活率为75.3%，个体平均重量563克，平均每亩收获中华鳖11.7千克；茭白至10月下旬共收获244 173.5千克，产值为509 650元。

三、养殖效益分析

中华鳖在茭白田中的套养模式经济效益显著。中华鳖销售按240元/千克计，亩产值达2 808元，扣减防逃设施及苗种成本593元，每亩净增收入2 215元；茭白亩产值达到6 530元，在不影响产量的前提下，提高了茭白的品质，并降低了用药成本。

四、经验和心得

（1）由于茭白田套养的中华鳖处于野生环境，以天然饵料为食，不喂任何配合饲料，品质优良，营养丰富，风味接近野生鳖。"1只年增重250克的中华鳖需消费福寿螺2.5千克左右，吃食福寿螺的茭白田中华鳖体色亮丽，力气大、灵活、转体快，四脚趾白而尖，裙边宽而厚，最关键的是中华鳖体腔内没有脂肪团"，有10年套养经验的钱爱忠说。由于在茭白田套养1年以上的中华鳖，明显有别于其他方法养殖的中华鳖，市场售价可达到300元/千克，还十分抢手。

（2）由于防逃设施成本较高，为增加养殖效益，可适当中华鳖放养密度，但后期要注意人工补充福寿螺或小鱼等饵料，以防饵料不足，中华鳖相互残杀。

五、上市和营销

到 2012 年，钱爱忠发展茭白田套养中华鳖面积 130 亩，创办了家庭农场并于当年成功注册了"茭白田"商标，命名为"阿宝甲鱼"。2012 年共套养中华鳖 6 000 只，销售 4 000 余只，产值近 100 万元，主要销往余姚、慈溪、宁波等地，但仍然供不应求，许多经销商与饭店上门等着拿货。目前，浙江省除余姚外，慈溪、象山、鄞州、德清、余杭和桐庐等很多市县也推广了这一共作模式。

第二十二节　安徽大别山区茭白田套养中华鳖实例

一、养殖实例基本信息

茭鳖共作，是将种植业和养殖业有机结合的新型生态农业模式，具有茭鳖互利共生的作用。鳖为茭田除害虫，减少了茭白田虫害发生的频率，农药施用量减少，保护了生态环境；鳖具有钻爬泥土的行为特性，能起到松动田泥的作用，有利于肥料的分解，增加土壤的透气性，使茭白田溶氧充足、养分充足，从而促进茭白的生长、发育、结实；而茭白能为鳖提供栖息、隐蔽场所。同时，茭鳖共作技术相对简单易学，易推广。因此，茭鳖共作模式具有很好的生态、经济和社会效益。安徽大别山区茭白种植面积较大，仅岳西县种植茭白面积就有 5 万多亩，为了探索提高茭白田的综合效益，在岳西县桃花源养殖专业合作社基地进行茭白田套养中华鳖试验，以期为茭鳖共作可持续生态发展提供参考。

二、放养与收获情况

1. 养殖池条件　在岳西县桃花源养殖专业合作社基地，选择茭白田相邻面积均为 20 亩。田块为长方形，进、排水方便，1# 放养中华鳖，2# 对照田没有放养中华鳖。茭白栽植品种为浙茭二号。中华鳖种从安徽省喜佳农业发展有限公司购进。3月中旬前栽植，宽行1.0米、窄行0.6米、株距0.4米，亩栽2 000株。

2. 茭白栽植与管理 每亩施腐熟猪粪500千克或鸡粪1 000千克，茭白栽植后保持浅水3～4厘米，4月下旬视分蘖情况，烤田1次后灌10～15厘米深水控制分蘖，孕茭期活水灌溉加深水位到20厘米但不超过茭白眼，茭白收获后保持浅水3～4厘米。追肥以有机肥为主，亩施腐熟粪肥1 000千克。一般耘田2～3次，第一次在植株返青后开始，以后15天1次。病虫害防治采用物理方法。

3. 田鳖管理

（1）**田块整修** 应在茭白田内开鳖沟，且在茭白田四周开挖围沟与横沟相连，鳖沟宽0.8～1米、深0.5～0.8米，占茭白田总面积的20%。在田中央建沙滩，以供晒背所用，南北向，长5米、顶宽1米，高出正常水位0.8米。

（2）**防逃设施** 加高、加固田埂，田埂高出田面60厘米左右，田埂夯实，用农膜插入泥中10厘米围护田埂，以防漏洞、裂缝、漏水、塌陷而使鳖逃走。进、排水口用密网眼的铁丝网设置防逃设施，严防鳖外逃或带入敌害生物。茭白田周围用彩钢瓦等材料，建造高出地面50厘米的围墙，顶部压沿内伸15厘米，并搞好进、排水口的防逃设施。

（3）**设置拦鱼栅** 拦鱼栅设计成<形或>形。进水口凸面朝外，出水口凸面向内，既增加了过水面，又使之坚固，不易被冲垮。

（4）**设置食台** 每亩茭白田设置4～6个食台。

（5）**田块消毒** 鳖种放养前10天左右，每亩用生石灰15～20千克或漂白粉1～2.5千克，兑水搅拌后均匀泼洒。

（6）**苗种投放** 2013年5月20日鳖放养规格为500克/只，每亩放养80～100只，投放前用5%的食盐水浸洗鳖体10分钟。

（7）**饲养投喂** 幼鳖放养2天后开始投喂饲料，饲料以水生昆虫、蝌蚪、小鱼和小虾等制成的新鲜配合饲料为主，辅以人工配合饲料。投喂量为总体重的3%左右，每天3次，早晚各1次，每次投喂量占全天投饲量的35%，中午投喂量占全天投饲量的30%，阴天、下雨天不投喂。鳖是偏动物性饵料的杂食性动物，喜食动物性饵料及动物尸体。幼鳖多食水生昆虫、蝌蚪、小鱼、小虾和水蚯蚓等；成鳖主食螺类、小鱼、动物尸体及其内脏，也食大豆、玉米等植物性饲料。如果有条件，最好投喂部分动物性饵料，如鱼块或小鱼、动物尸体及其内脏。投喂时要做到"四定"，即定时、定位、定质和定量。平时注意清污防逃，坚持每天巡田，仔细检查田埂是否漏洞，拦鳖栅是否堵塞、松动，发现问题及时处理。

三、养殖效益分析

茭、鳖共生，有利于降低生产成本，提高经济效益。平均每亩新增利润6 286元，茭鳖生态养殖模式效果明显。试验茭白田20亩，共产茭白28 140千克，亩平均产量为1 407千克；对照茭白田20亩，共产茭白25 760千克，亩平均产量为1 288千克。套养中华鳖茭白田的茭白平均产量较对照田多9.24%，结果表明，茭白套养鳖能提高茭白的产量（表5-3至表5-5）。

表5-3　试验田生产投入

编　号	茭白（元）			中华鳖（元）			合计	1#田比2#田多投入资金（元/亩）
	种苗	人工	其他	中华鳖	防逃	饲料		
1#茭白田	20 000	44 000	10 000*	35 200	23 200	11 720	144 120	3 331
2#茭白田（对照）	20 000	44 000	13 500*	0	0	0	77 500	

表5-4　试验田产出

编　号	茭白		中华鳖		合计（元）	1#田与2#田比较		
	产量（千克）	单价（元/千克）	产量（千克）	单价（元/千克）		1#田多产茭量（千克）	1#田鳖产量（千克）	1#田多产茭百分比（%）
1#茭白田	28 140	4	1 632	120	308 400	2 380	1 632	9.24
2#茭白田（对照）	25 760	4	0	120	103 040			

表5-5　试验茭白田效益

编　号	投入（元/亩）	产值（元/亩）	投入产出比	1#田比2#田多投入资金（元/亩）	1#田鳖产值（元/亩）	1#田鳖利润（元/亩）
1#茭白田	7 206	15 420	1∶2.139	3 331	9 792	6 286
2#茭白田（对照）	3 875	5 152	1∶1.329			

四、经验和心得

（1）大别山区茭白田套养中华鳖，是现代农业生产节省土地资源和养殖成本的种养结合生态模式。茭白株行距较宽，既可为鳖类提供足够的生活空间，又有利于其避暑度夏；鳖喜食螺类、水生昆虫、蝌蚪、小鱼、小虾和水蚯蚓等动物性饵料，能有效防止茭白病虫害的发生。

（2）中华鳖在茭白田里扰动，能疏松土壤，增加土壤的通透性，改善土壤理化性质，提高土壤活性，鳖的粪便和吃剩的残饵可作为茭白的优质有机肥料，起到追肥的作用，极大增强了茭白植株的抗性，有利于茭白的快速生长。同时，大垄行距栽培方式，增加了茭白田透光性及通风性，为茭白生长提供了有利条件。

（3）养殖期间注意调节茭白田水质。茭白田套养中华鳖，茭白田里水环境条件的好坏，直接影响到中华鳖的生存与生长。茭白田水较浅，水质变化快，尤其在高温季节，若遇阴雨、闷热、无风天气，水质更易变坏，导致缺氧及氨氮、亚硝酸盐含量升高，对中华鳖生长造成了不利影响。因此，应定期监测茭白田水质状况，及时注入新水或定期泼洒微生态制剂，调节水质，为中华鳖摄食、生长营造良好的生态环境。

（4）大别山区茭白田套养中华鳖，防逃措施是关键。大别山区的茭白田一般距排水系统较近，每当夏季雨水多时，山上下来的水迅猛且量大，若防逃措施没有跟上，极易发生中华鳖逃逸现象。因此，山区茭白田套养中华鳖时，一定把防逃设施安装牢固，同时，在雨天注意巡查防逃措施。

五、上市和营销

在安徽大别山区，利用茭白田套养中华鳖进行生态养殖试验。经 5 个月生态养殖，中华鳖平均规格 1.11 千克，平均每亩新增利润 6 286 元，套养中华鳖茭白田的茭白，平均产量较对照田多产 9.24%，投入产出比为 1∶2.139，养殖效益明显。岳西县桃花园养殖专业合作社坚持以市场为导向，以科技为依托，以质量为根本，以示范带动为目的，进行茭白田套养中华鳖模式养殖示范。产出的中华鳖品质优良，如同野生甲鱼，茭白产量同未养甲鱼田块相比没有减少，而同比减少治虫 1～2 次，减少投入 66～130 元，少施化肥 15 千克、

45 元，减少人工除草 2 个工 200 元，茭白品质也大幅度提升；茭田套养甲鱼亩纯增收 4 000 余元，具有较强的市场竞争力和较高的市场占有率，效益非常显著。

第二十三节 云和县三段式养殖实例

一、养殖实例基本信息

云和县清江生态龟鳖养殖专业合作社。位于丽水市云和县紧水滩镇石浦村。社长卜伟绍是回乡创业的大学生，与同村村民卜广禄一起创建云和县第一家从事龟鳖养殖的农民专业合作社。合作社养殖场位于云和湖旅游风景区内，以紧水库区为依托，三面环山，前沿云和湖，依山泉小溪而建，地理位置优越，交通便捷，建设有石浦养殖基地和瑞滩水库网箱生态养殖基地，养殖场根据自然界龟鳖的生活习性模拟生态环境，建有面积 2 500 米^2 的标准化稚、幼鳖培育温室。年培育 20 万只规格 250 克/只的优质苗种，利用溪水自流特点而建的标准化生态外池，年产生态鳖 100 吨，年产值可达 300 万～500 万元。2010 年合作社独辟蹊径，从 6 口生态池塘中平均规格 1 千克的中华鳖挑选出，放养在 72 口网箱中进行养殖，创新了"三段式"中华鳖养殖法，使得龟鳖的品质更近似于野生。据云和县清江生态龟鳖养殖专业合作社卜伟绍介绍，"三段式"养殖法即"温室＋池塘＋水库网箱"的养殖模式，通过第一阶段的稚幼鳖温室培育期、第二阶段的鳖种土池微流水养殖品质优化期和第三阶段的成鳖水库网箱养殖品质精品化调控期的合理配套，形成了一套先进、完善的中华鳖生态养殖实用技术，把现代设施渔业技术与生态养殖方式结合起来，提高了中华鳖苗种培育的成活率和产品质量。

二、放养与收获情况

1. 稚、幼鳖温室培育阶段 鳖蛋引进分两个批次：第一批于 2008 年 6 月 12 日进蛋 26 250 只，7 月 20 日出苗 23 100 只，孵化率 88%；第二批 7 月 23 日进蛋 28 100 只，8 月 24 日出苗 25 010 只，孵化率 89%。平均放养密度为 25 只/米^2。2009 年 5 月出温室，共出池 41 182 只，抽样测重，平均 0.52 千克，平均养殖成活率为 85.60%（表 5-6）。

表5-6 中华鳖孵化及幼鳖养殖情况统计

批次	进蛋数（只）	孵化率（%）	放养数（只）	成活率（%）	出规格（千克/只）	产量（吨）
第一批	26 250	88.0	23 100	83.0	0.55	10.55
第二批	28 100	89.0	25 010	88.0	0.49	10.78
累计	54 350	88.5	48 110	85.6	0.52	21.33

2. 幼、成鳖池塘养殖阶段 根据"雌雄分开、大小分塘"的原则，2009年5月25日、6月5日分别将温室养殖的41 182只鳖放养在6口生态池塘（表5-7）。

表5-7 中华鳖池塘养殖情况统计

池塘号	放养数（只）	放规格（千克/只）	出塘数（只）	成活率（%）	出规格（千克/只）	产量（吨）
1#	5 080	0.70	4 934	97.1	1.35	6.66
2#	5 700	0.65	5 566	97.6	1.28	7.12
3#	5 900	0.50	5 693	96.5	1.16	6.60
4#	6 800	0.48	6 510	95.7	1.29	8.40
5#	7 900	0.42	7 484	94.7	0.80	6.00
6#	9 802	0.45	9 442	96.3	0.95	9.00
合计	41 182	0.515	39 629	96.2	1.10	43.78

3. 成鳖水库网箱养殖阶段 2010年7月23日，挑选了15 600只平均规格在1千克左右的中华鳖，放养在72口网箱中，平均放养密度为4.42只/米^2。大规格雄鳖、雌鳖放养密度控制在3只/米^2，1千克以下的则为6只左右。2010年10月28日，将养殖鳖全部捕捉，共养殖97天（表5-8）。

表5-8 中华鳖水库网箱养殖情况统计

项目	放养数（只）	规格（千克/只）	死亡数（只）	出箱数（只）	成活率（%）	出规格（千克/只）	产量（吨）
大雄	4 600	1.25	56	4 544	98.7	1.63	7.41
大雌	4 400	1.20	61	4 339	98.6	1.51	6.55
小雄	3 800	0.90	150	3 650	96.0	1.42	5.18
小雌	2 800	0.88	56	2 744	98	1.35	3.78
合计	15 600	1.08	323	15 277	97.9	1.50	22.92

三、养殖效益分析

总投入 209.6 万元，总产出 294 万元，投入产出比为 1∶1.4。通过三段式养殖的中华鳖，品质出众，接近野生，在本地市场零售价格达到 160 元/千克，平均每只利润达到 15.5 元（按照放养数计算）（表 5-9）。

表 5-9　经济效益分析

单位：元

项　目	养殖成本			产　出	
	温室阶段	池塘阶段	网箱阶段	池塘鳖	网箱鳖
苗种	239 140	—	—		
饲料（饵料）	358 344	525 330	303 600		
生产工具	5 800	6 700	4 500		
能源费	85 000	4 600	12 000		
药费	13 000	8 500	650		
固定资产折旧	65 000	60 000	100 000		
人工费用	50 000	36 000	60 600		
其他	40 000	50 000	67 000		
成本合计	856 284	691 130	548 350		
产出				581 501	2 358 000
总计	2 095 764			2 939 501	

四、经验和心得

1. 养殖技术要点

（1）第一阶段（温室稚鳖培育期）　按温室养鳖的操作规程，在温室中完成鳖蛋的孵化、稚鳖培育和幼鳖养殖，经过约 9 个月的饲养，使鳖的规格达到 0.5 千克/只。这一阶段的主要目的是利用温室条件，提高鳖蛋的孵化率、稚鳖培育的成活率和幼鳖前期的生长速度。

（2）第二阶段（土池微流水成鳖养殖品质优化调控期）　按池塘生态养殖的操作方法，根据"雌雄分开、大小分塘"原则，经过一年时间的饲料，将半成品鳖规格从 0.5 千克/只长到 1.0 千克/只左右。这一阶段的主要目的是，完成半成品鳖从温室到野外水体的适应过程，并通过饲料结构的调整，提升鳖的品质。

（3）第三阶段（水库网箱养殖品质精品化调控期）　这一阶段在水库网箱中进行，时间是高温季节的 3 个月（7～9 月），使鳖的个体从 1.0 千克/只长到 1.5 千克/只。这一阶段的主要目的是，通过接近野生生态环境和以鲜鱼肉为主的饲料调节，进一步提升鳖的品质，使之接近野生产品。具体技术措施是：①网箱规格为 7 米×7 米×4 米，网目为 5 厘米，为敞开固定式网箱。网箱内靠近走道约 1 米左右放置 1 个 6 米×1 米的木制食台（兼作晒背台）；②放养时间选择在 7 月中、下旬，水温稳定在 30℃以上，光照条件好，无风的天气进行，按照"雌雄分开、大小分级"原则放养，放养密度为 3～5 只/米²；③全过程饲料以冰冻野杂鱼为主，采用"水上投喂"方式，避免污染水质和部分野杂鱼抢食；④病害防治主要采取放养消毒、增加晒背设施和添加多维等，日常管理以防偷、防逃和投饲为主要工作。

2. 注意事项　①要注意放养时间和及时捕捉上岸，放养时水温必须保持在 30℃以上，否则极易暴发真菌性腐皮病，并且比较难以治愈；②要水上投喂，以减少饲料用量，因为水库中有许多野杂鱼会在网箱内抢食；③养殖品种应以中华鳖日本品系为佳，该品系在网箱养殖阶段，生长迅速；④在大中型水库开展网箱养殖，需要向行政主管部门申请，获准后才能养殖。

五、上市和营销

经过三段式养成的中华鳖，个个野性十足，无泥腥味、无药残、体色自然，达到野生鳖品质，而食用比野生鳖更安全，自然身价不菲，是温室鳖的 10 倍、池塘鳖的 5 倍。目前，合作社的产品已经注册了云河牌生态鳖商标，并建立了自己的专业网站。为了使"三段式"养殖法具有更丰富的内涵和更广阔的推广应用前景，近期，合作社通过"合作社＋基地＋农户"的形式，带动周边农民发展中华鳖的生态养殖，使云河牌生态鳖成为当地农民的致富鳖。

附　录

附录 1　中华鳖池塘养殖技术规范
（GB/T　26876—2011）

1　范围

本标准规定了中华鳖（*Pelodiscus sinensis* Wiegmann）养殖的术语和定义、环境条件、亲鳖培育、繁殖孵化、苗种培育与养成、捕捞及产品质量。

本标准适用于中华鳖的池塘养殖。

2　规范性引用文件

下列文件对于本文件的应用是必不可少的。凡是注日期的引用文件，仅注日期的版本适用于本文件。凡是不注日期的引用文件，其最新版本（包括所有的修改单）适用于本文件。

GB 13078　饲料卫生标准

GB/T 18407.4　农产品安全质量　无公害水产品产地环境要求

GB 21044　中华鳖

NY 5051　无公害食品　淡水养殖用水水质

NY 5066　无公害食品　龟鳖

NY 5071　无公害食品　渔用药物使用准则

NY 5072　无公害食品　渔用配合饲料安全限量

SC/T 1047　中华鳖配合饲料

SC/T 9101　淡水池塘养殖水排放要求

3　术语和定义

下列术语和定义适用于本文件。

3.1　稚鳖 larval soft-shelled turtle

体重 50g 以下的中华鳖。

3.2 幼鳖 juvenile soft-shelled turtle
体重 50g～250g 的中华鳖。

3.3 成鳖 adult soft-shelled turtle
体重 250g 以上的中华鳖。

3.4 亲鳖 breed soft-shelled turtle
用于人工繁育的性成熟的中华鳖。

4 环境条件

4.1 场地选择

养殖场地应符合 GB/T 18407.4 的规定，并选择环境安静、交通方便的地方建场，建有独立进、排水系统。

4.2 养殖用水

水源充足无污染，水质应符合 NY 5051 的要求。

4.3 鳖池

分土池和水泥壁池两种，以建成背风向阳、东西走向的长方形为宜。各类鳖池的设计参数详见表1。

表 1 鳖池的设计参数

鳖池类型		面积 m²	池深 m	水深 m	池堤	
					坡度°	堤面宽 m
土池	稚鳖池	500～1 500	1.2～1.5	0.8～1.0	20～30	2.5～3.0
	幼鳖池	1 500～3 000	1.5～2.0	1.0～1.5		
	成鳖池	1 500～5 000	2.0～2.5	1.5～2.0		
水泥壁池	稚鳖池	50～200	1.2～1.5	0.8～1.0	70～90	0.5～1.5
	幼鳖池	500～1 500	1.5～2.0	1.0～1.5		
	成鳖池	500～5 000	2.0～2.5	1.5～2.0		
	亲鳖池	2 000～7 000				

亲鳖池建产卵房一侧的堤面宽度不少于2m。

4.4 防逃设施

土池用内壁光滑、坚固耐用的材料将各个养殖池围栏。围栏设施距塘边50cm 以上的池堤上，高出堤面 40cm～50cm，竖直埋入土中 15cm～20cm，池塘四角处围成弧形。水泥壁池池壁顶端用水泥板或砖块向内压檐 10cm～

15cm。池塘进、排水口处安装金属或聚乙烯的防逃拦网。

4.5　晒台

在鳖池向阳面利用池坡用砖块或水泥板使池边硬化，做成与池边等长、宽约 1m 的斜坡；或用木材或竹板做成浮排形晒台，固定于池中水面。

4.6　食台

土池采用水泥瓦楞板（55cm×140cm）作食台，食台数量按照稚鳖计划放养量每 200 只铺设一块，均匀铺设于池塘四周，食台背面与水面呈 20°～30°夹角，食台一半淹于水下，一半露出水面。水泥壁池采用 3cm×4cm 木条钉成长 3m、宽 1m～2m 木框，上覆规格为 12 孔/cm（相当于 30 目）夏花网布沿池壁用竹桩固定，露出水面的食台背面与水面呈 15°夹角。

4.7　产卵房

在亲鳖池向阳的一边池埂上修建产卵房，要求防水防阳光直射。产卵房大小应根据雌鳖总数而定，每 100 只～120 只雌鳖建 2m² 的产卵房，房高 2m，房内铺厚约 30cm 的细沙，沙面与地面持平，由鳖池铺设坡度小于 30°的斜坡至产卵房。

5　亲鳖培育

5.1　鳖池清整

排干池水，检修防逃设施，保持池底有 20cm 左右软泥；每 667m² 鳖池施用生石灰 100kg～150kg，化浆后全池泼洒，再曝晒 7d～10d。

5.2　亲鳖来源

亲鳖来源有以下途径：

——中华鳖原（良）种场生产或从原（良）种场引进的中华鳖苗种培育而成。

——从中华鳖天然种质资源库或未经人工放养的天然水域捕捞，或从上述水域采集的中华鳖苗种培育而成。

5.3　亲鳖选择

5.3.1　种质

种质应符合 GB 21044 的规定。

5.3.2　外观

体形完整，体色正常，皮肤光亮，裙边宽阔有弹性，翻身灵活，体质健壮；无伤残，无畸变，无病灶。

5.3.3　年龄和体重

年龄 3 冬龄以上，体重大于 1.0kg。

5.3.4 雌、雄鳖鉴别

雌鳖尾短，自然伸直达不到裙边；体厚，后腿之间距离较宽。

雄鳖尾长而粗壮，自然伸直超出裙边 1cm 以上；体较雌鳖薄，后腿之间距离较窄。

5.4 放养

5.4.1 放养密度

放养密度一般为每 $667m^2$ 水面 200 只～300 只。

5.4.2 雌、雄鳖比例

雌、雄鳖的放养比例为 4∶1～7∶1。

5.4.3 放养时间

选择在水温 5℃～15℃的晴天进行。

5.4.4 放养前消毒

常用体表消毒方法有以下两种，可任选一种：

——高锰酸钾：15mg/L～20mg/L，浸浴 15min～20min。

——1％聚维酮碘：30mg/L，浸浴 15min。

5.4.5 放养方法

将经消毒的鳖用箱或盆运至鳖池水边，倾斜盛鳖容器口，让鳖自行游入鳖池。

5.5 饲养管理

5.5.1 投饲管理

5.5.1.1 饲料种类

亲鳖饲料种类有：

——配合饲料；

——动物性饲料：鲜活鱼、虾、螺、蚌、蚯蚓等；

——植物性饲料：新鲜南瓜、苹果、西瓜皮、青菜、胡萝卜等。

5.5.1.2 饲料质量

配合饲料的质量应符合 SC/T 1047 的规定。各种饲料的安全卫生指标，应符合 GB 13078 和 NY 5072 的规定。动物性饲料和植物性饲料投喂前应消毒处理，消毒方法见 5.5.3.1e）。

5.5.1.3 投饲量

配合饲料的日投饲量（干重）为亲鳖体重的 1％～3％；鲜活饲料的日投

饲量为鳖体重的 5%～10%；在繁殖前期应适当加大鲜活饲料投喂量。每次的投饲量以在 1h 内吃完为宜。

5.5.1.4　投饲方法

投喂前鲜活饲料需洗净、切碎，配合饲料加工成软硬、大小适宜的团块或颗粒，投在未被水淹没的饲料台上。根据鳖的摄食情况确定每天投喂次数，水温 18℃～20℃时，2d 1 次；水温 20℃～25℃时，每天 1 次，中午投喂；水温 25℃以上时，每天 2 次，分别为 9：00 前和 16：00 后。

5.5.1.5　清扫食台

每次投饲前清扫食台上的残饵，保持食台清洁。

5.5.2　池水管理

5.5.2.1　水位

池塘水位控制在 1.5m～2.5m。

5.5.2.2　水质

通过物理、化学、生物等措施调控水质，使养鳖池水质符合 NY 5051 的规定，水色保持黄绿或茶褐色，透明度 30cm 左右，pH 6.5～8.5。

5.5.2.3　池水排放

池水排放应符合 SC/T 9101 的规定。

5.5.3　疾病防治

5.5.3.1　预防

预防的措施有：

a）保持良好的养殖环境，每 667m² 鳖池投放螺、蚬等活饵 50kg～100kg，夏季在鳖池中圈养水浮莲或凤眼莲，圈养面积不超过水面的 1/5；

b）清塘消毒：方法见 5.1；

c）池水消毒：除冬眠期间外，每月 1 次，用含有效氯 28% 以上的漂白粉 1mg/L 或用生石灰 30mg/L～40mg/L 化浆全池遍洒，两者交替使用；

d）工具消毒：养殖工具要保持清洁，并每周使用浓度为 100mg/L 的高锰酸钾溶液浸洗 3min；

e）饲料消毒：对于投饲的动、植物饲料，洗净后可用浓度为 20mg/L 的高锰酸钾溶液浸泡 15min～20min，再用淡水漂洗后投喂；

f）食台消毒：每周一次用含氯制剂溶液泼洒食台与周边水体，其浓度为全池遍洒浓度的 2 倍～3 倍。

5.5.3.2　治疗

养殖期间发生鳖病，应确切诊断、对症用药。药物使用按 NY 5071 的规定执行。

6 产卵孵化

6.1 产卵

6.1.1 产卵季节

4 月至 9 月（水温 23℃～32℃）雌鳖产卵，6 月至 7 月为产卵高峰期。

6.1.2 产卵环境

环境安静，产卵房沙层湿度适宜，含水量约为 7%，即以手捏成团，松手即散为准。

6.1.3 产卵前准备

雌鳖产卵前 7d，翻松板结的沙层，清除块石、野草等杂物，调整沙层适宜的湿度。

6.1.4 鳖卵收集

在产卵季节，管理人员每天早晨巡视产卵房，对新发现的卵窝做好标记，下午进行收卵。收卵时，扒开卵窝上覆的沙层，取出鳖卵，动物极朝上，轻放于底部垫有松软底物的容器内，避免鳖卵因撞击和挤压而损坏。收卵后将产卵场的沙抹平。

6.2 人工孵化

6.2.1 孵化设备

孵化设备一般有恒温箱和恒温室。

6.2.2 受精卵的鉴别

按表 2 选择受精卵孵化。

表 2 鳖卵特征

名称	特 征
受精卵	外观可见一个圆形的白色亮区（即动物极），随着胚胎发育的进展，圆形白色亮区逐步扩大；白色亮区边缘界线清晰，整齐，无残缺
弱精卵	外观可见一个白点或白区，但若明若暗、不规则，随着胚胎发育的进展，白色区域不再扩大；白色区域边缘界线不清晰，不整齐
未受精卵	外观无白色亮区

6.2.3 孵化条件

鳖卵人工孵化，应满足以下条件：

a）温度：孵化介质（沙、海绵等）温度控制在 30℃～32℃；

b）湿度：在恒温箱或控温孵化房内进行人工孵化，空气湿度为 75%～85%；

c）含水量：孵化介质（沙、海绵等）的含水量控制在 6%～8%。

6.2.4　孵化操作

将经过鉴别的受精卵动物极向上，分层成排整齐地埋藏在孵化介质中，卵间距 1cm。

6.2.5　孵化时间

从鳖卵产出到稚鳖出壳的整个过程，约需积温 36 000℃·h。在 32℃的条件下，历时约 45d。

6.3　稚鳖暂养

刚出壳的稚鳖先放在内壁光滑的容器或水池中暂养，暂养密度控制在每平方米 100 只左右，暂养水深保持 2cm～5cm，24h 后移至稚鳖池培育。

7　苗种放养与养成

7.1　放养前准备

7.1.1　清塘消毒

按 5.1 的规定执行。

7.1.2　注水施肥

消毒 3d～7d 后鳖池注水 70cm，注水时用规格为 28 孔/cm（相当于 70 目）筛绢网过滤。注水后池水透明度大于 30cm 以上时，每 667m² 需施经发酵腐熟的有机肥 50kg～200kg。

7.1.3　活饵培育

施肥后 7d～10d，每 667m² 放养抱卵青虾（日本沼虾）2kg～4kg 和螺蛳 50kg。

7.2　苗种放养

7.2.1　苗种质量要求

裙边舒展，翻身灵活，体质健壮，规格整齐，无伤无病，无畸形。外购的苗种应检疫合格。

7.2.2　鳖体消毒

鳖体消毒方法见 5.4.4。

7.2.3　放养时间

稚鳖放养选择水温在 20℃以上时进行，幼鳖分养选择在水温 5℃～20℃的晴天进行。

7.2.4 放养方法

按 5.4.5 的规定执行。

7.2.5 放养密度

苗种放养密度详见表 3。

表 3 不同规格苗种的放养密度

规格	放养密度	
	土池 只/667m²	水泥壁池 只/m²
稚鳖	4 000～6 000	20.0～30.0
幼鳖	1 300～2 000	5.0～8.0
成鳖	1 000～1 300	2.0～3.0

7.2.6 鱼类套养

稚鳖养殖池每 667m² 套养鲢、鳙夏花鱼种 200 尾；幼鳖及成鳖池每 667m² 套养体重 50g～100g 的鲢、鳙鱼种 100 尾，鲢、鳙比例为 2∶1。

如套养其他品种时，以不影响鳖的正常生长为前提。

7.3 饲养管理

7.3.1 投饲管理

7.3.1.1 饲料种类

鳖用配合饲料。

7.3.1.2 投喂方法

投喂应坚持"四定"原则，即：

a）定点：稚鳖放养初期，饲料投喂在食台的水下部分，30d 后逐步改为投放在食台的水上部分；

b）定时：水温 20℃～25℃时，每天 1 次，中午投喂；水温 25℃以上时，每天 2 次，分别为 9∶00 前和 16∶00 后；

c）定质：配合饲料质量应符合 SC/T 1047 的规定，安全卫生指标应符合 GB/T 18407.4 和 NY 5071 的规定；

d）定量：长江流域不同规格鳖的饲料投饲量见表 4。具体投饲量的多少，应根据气候状况和鳖的摄食强度进行适当调整，每次所投的量控制在 1h 内吃完。

表4　长江流域池塘养鳖不同月份配合饲料日投率（％）

规格	饲料种类	4月	5月	6月	7月	8月	9月	10月
稚鳖	稚鳖饲料	—	5.0～6.0	5.0～6.0	5.0～5.5	4.5～5.0	3.0～3.5	1.0～1.5
幼鳖	幼鳖饲料	1.0	1.0～1.5	1.5～2.0	2.5～3.0	3.0～3.5	2.0～2.5	1.0～1.5
成鳖	成鳖饲料	1.0	1.0～1.5	1.5～2.0	2.0～2.5	2.0～2.5	1.5～2.0	1.0

注：珠江流域或黄河流域不同月份配合饲料日投饲率，可分别提前或推迟1个月左右的时间。

7.3.1.3　清扫食台

按5.5.1.5的规定。

7.3.2　池水管理

7.3.2.1　水位

稚鳖放养时水位应控制在70cm左右，以后随着个体的长大逐步提高水位；成鳖养殖池塘水位控制在1.5m～2.0m。

7.3.2.2　水质

按5.5.2.2的规定执行。

7.3.3　敌害防除

稚鳖池四周及上空应架设防鸟网，发现蛇、鼠等敌害生物及时驱除。

7.3.4　疾病防治

按5.5.3的规定。

7.3.5　越冬管理

鳖池水深保持在1.5m以上，溶解氧不低于4mg/L；冬眠期间鳖池不宜注水和排水。

7.3.6　池水排放

按5.5.2.3的规定。

7.3.7　建立养殖档案

养殖全过程应建立生产记录、用药记录和产品销售记录等档案，便于质量追溯。

8　捕捞

整塘捕捉可放干池水后进行人工翻泥捕捉，生长季节内的少量捕捉，可采用徒手捕捉或鳖枪钓捕。

9　产品质量要求

养殖产品质量应符合NY 5066的要求。

附录 2　渔业水质标准

(GB 11607—89)

　　为贯彻执行中华人民共和国《环境保护法》、《水污染防治法》和《海洋环境保护法》、《渔业法》，防止和控制渔业水域水质污染，保证鱼、贝、藻类正常生长、繁殖和水产品的质量，特制订本标准。

1　主题内容与适用范围

　　本标准适用鱼虾类的产卵场、索饵、越冬场、洄游通道和水产增养殖区等海、淡水的渔业水域。

2　引用标准

GB 5750　生活饮用水检测标准

GB 5750　水质　pH 的测定　玻璃电极法

GB 5750　水质　六价铬的测定　二碳酰二肼分光光度法

GB 7469　水质　总汞测定　高锰酸钾—过硫酸钾消除法　双硫腙分光光度法

GB 7470　水质　铅的测定　双硫腙分光光度法

GB 7471　水质　镉的测定　双硫腙分光光度法

GB 7472　水质　锌的测定　双硫腙分光光度法

GB 7474　水质　铜的测定　二乙基二硫代氨基钾酸钠分光光度法

GB 7475　水质　铜、锌、铅、镉的测定　原子吸收分光光度法

GB 7479　水质　铵的测定　纳氏试剂比色法

GB 7481　水质　氨的测定　水杨酸分光光度法

GB 7482　水质　氟化物的测定　茜素磺酸镉目视比色法

GB 7484　水质　氟化物的测定　离子选择电极法

GB 7485　水质　总砷的测定　二乙基二硫代氨基甲酸银分光光度法

GB 7486　水质　氰化物的测定　第一部分：总氰化物的测定

GB 7488　水质　五日生化需氧量（BOD$_5$）　稀释与接种法

GB 7489　水质　溶解氧的测定　碘量法

GB 7490　水质　挥发酚的测定　蒸馏后 4-氨基安替比林分光光度法

GB 7492　水质　六六六、滴滴涕的测定　气相色谱法

GB 8972　水质　五氯酚钠的测定　气相色谱法

GB 9803　水质　无氯酚的测定　藏红 T 分光光度法

GB 11891　水质　凯氏氮的测定

GB 11901　水质　悬浮物的测定　重量法

GB 11910　水质　镍的测定　丁二铜肟分光光度法

GB 11911　水质　铁、锰的测定　火焰原子吸收分光光度法

GB 11912　水质　镍的测定　火焰原子吸收分光光度法

3　渔业水质要求

3.1　渔业水域的水质，应符合渔业水质标准（见表1）。

表 1　渔业水质标准　　　　　　　　　　　　　　mg/L

序号	项　目	标准值
1	色、臭、味	不得使鱼、虾、贝、藻类带有异色、异臭、异味
2	漂浮物质	水面不得出现明显油膜或浮沫
3	悬浮物质	人为增加的量不得超过10，而且悬浮物质沉积于底部后，不得对鱼、虾、贝类产生有害的影响
4	pH	淡水 6.5～8.5，海水 7.0～8.5
5	溶解氧	连续24h，16h以上必须大于5，其余任何时候不得低于3，对于鲑科鱼类栖息水域冰封期其余任何时候不得低于4
6	生化需氧量（五天、20℃）	不超过5，冰封期不超过3
7	总大肠菌群	不超过5 000 个/L（贝类养殖水质不超过500 个/L）
8	汞	≤0.000 5
9	镉	≤0.005
10	铅	≤0.05
11	铬	≤0.1
12	铜	≤0.01
13	锌	≤0.1
14	镍	≤0.05
15	砷	≤0.05
16	氰化物	≤0.005
17	硫化物	≤0.2
18	氟化物（以 F⁻ 计）	≤1

（续）

序号	项　目	标准值
19	非离子氨	≤0.02
20	凯氏氮	≤0.05
21	挥发性酚	≤0.005
22	黄磷	≤0.001
23	石油类	≤0.05
24	丙烯腈	≤0.5
25	丙烯醛	≤0.02
26	六六六（丙体）	≤0.002
27	滴滴涕	≤0.001
28	马拉硫磷	≤0.005
29	五氯酚钠	≤0.01
30	乐果	≤0.1
31	甲胺磷	≤1
32	甲基对硫磷	≤0.000 5
33	呋喃丹	≤0.01

3.2　各项标准数值系指单项测定最高允许值。

3.3　标准值单项超标，即表明不能保证鱼、虾、贝正常生长繁殖，并产生危害，危害程度应参考背景值、渔业环境的调查数据及有关渔业水质基准资料进行综合评价。

4　渔业水质保护

4.1　任何企、事业单位和个体经营者排放的工业废水、生活污水和有害废弃物，必须采取有效措施，保证最近渔业水域的水质符合本标准。

4.2　未经处理的工业废水、生活污水和有害废弃物严禁直接排入鱼、虾类的产卵场、索饵场、越冬场和鱼、虾、贝、藻类的养殖场及珍贵水生动物保护区。

4.3　严禁向渔业水域排放含病源体的污水；如需排放此类污水，必须经过处理和严格消毒。

5　标准实施

5.1　本标准由各级渔政监督管理部门负责监督与实施，监督实施情况，定期报告同级人民政府环境保护部门。

5.2　在执行国家有关污染物排放标准中，如不能满足地方渔业水质要求时，省、自治区、直辖市人民政府可制定严于国家有关污染排放标准的地方污染物排放标准，以保证渔业水质的要求，并报国务院环境保护部门和渔业行政主管部门备案。

5.3　本标准以外的项目，若对渔业构成明显危害时，省级渔政部门应组织有关单位制订地方补充渔业水质标准，报省级人民政府批准，并报国务院环境保护部门和渔业行政主管部门备案。

5.4　排污口所在水域形成的混合区不得影响鱼类洄游通道。

6　水质监测

6.1　本标准各项目的监测要求，按规定分析方法（见表2）进行监测。

6.2　渔业水域的水质监测工作，由各级渔政监督管理部门组织渔业环境监测站负责执行。

表 2　渔业水质分析方法

序号	项　目	测定方法	试验方法标准编号
3	悬浮物质	重量法	GB 11901
4	pH	玻璃电极法	GB 6920
5	溶解氧	碘量法	GB 7489
6	生化需氧量	稀释与接种法	GB 7488
7	总大肠菌群	多管发酵法滤膜法	GB 5750
8	汞	冷原子吸收分光光度法	GB 7468
		高锰酸钾-过硫酸钾消解双硫腙分光光度法	GB 7469
9	镉	原子吸收分光光度法	GB 7475
		双硫腙分光光度法	GB 7471
10	铅	原子吸收分光光度法	GB 7475
		双硫腙分光光度法	GB 7470
11	铬	二苯碳酰二肼分光光度法（高锰酸盐氧化）	GB 7467
12	铜	原子吸收分光光度法	GB 7475
		二乙基二硫代氨基甲酸钠分光光度法	GB 7474
13	锌	原子吸收分光光度法	GB 7475
		双硫腙分光光度法	GB 7472

（续）

序号	项　目	测定方法	试验方法 标准编号
14	镍	火焰原子吸收分光光度法	GB 11912
		丁二铜肟分光光度法	GB 11910
15	砷	二乙基二硫代氨基甲酸银分光光度法	GB 7485
16	氰化物	异烟酸-吡啶啉酮比色法　吡啶-巴比妥酸比色法	GB 7486
17	硫化物	对二甲氨基苯胺分光光度法 1)	
18	氟化物	茜素磺锆目视比色法	GB 7482
		离子选择电极法	GB 7484
19	非离子氨 2)	纳氏试剂比色法	GB 7479
		水杨酸分光光度法	GB 7481
20	凯氏氮		GB 11891
21	挥发性酚	蒸馏后 4 -氨基安替比林分光光度法	GB 7490
22	黄磷		
23	石油类	紫外分光光度法 1)	
24	丙烯腈	高锰酸钾转化法 1)	
25	丙烯醛	4 -乙基间苯二酚分光光度法	
26	六六六（丙体）	气相色谱法	GB 7492
27	滴滴涕	气相色谱法	GB 7492
28	马拉硫磷	气相色谱法 1)	
29	五氯酚钠	气相色谱法	GB 8972
		藏红剂分光光度法	GB 9803
30	乐果	气相色谱法 3)	
31	甲胺磷		
32	甲基对硫磷	气相色谱法 3)	
33	呋喃丹		

注：暂时采用下列方法，待国家标准发布后，执行国家标准。

1）渔业水质检验方法为农牧渔业部 1983 年颁布。

2）测得结果为总氨浓度，然后按表 A1、表 A2 换算为非离子氨浓度。

3）地面水水质监测检验方法为中国医学科学院卫生研究所 1978 年颁布。

表 A1　氨的水溶液中非离子氨的百分比

温度℃	pH 值								
	6.0	6.5	7.0	7.5	8.0	8.5	9.0	9.5	10.0
5	0.013	0.040	0.12	0.39	1.2	3.8	11	28	56
10	0.019	0.059	0.19	0.59	1.8	5.6	16	37	65
15	0.027	0.087	0.27	0.86	2.7	8.0	21	46	73
20	0.040	0.13	1.40	1.2	3.8	11	28	56	80
25	0.057	0.18	1.57	1.8	5.4	15	36	64	85
30	0.080	0.25	2.80	2.5	7.5	20	45	72	89

表 A2　总氨（$NH_4^+ + NH_3$）浓度，其中非离子氨浓度 0.020mg/L（NH_3）

mg/L

温度℃	pH 值								
	6.0	6.5	7.0	7.5	8.0	8.5	9.0	9.5	10.0
5	160	51	16	5.1	1.6	0.53	0.18	0.071	0.036
10	110	34	11	3.4	1.1	0.36	0.13	0.054	0.031
15	73	23	7.3	2.3	0.75	0.25	0.093	0.043	0.027
20	50	16	5.1	1.6	0.52	0.18	0.070	0.036	0.025
25	35	11	3.5	1.1	0.37	0.13	0.055	0.031	0.024
30	25	7.6	2.5	0.81	0.27	0.099	0.045	0.028	0.022

附加说明：

本标准由国家环境保护局标准处提出。

本标准由渔业水质标准修订组负责起草。

本标准委托农业部渔政渔港监督管理局负责解释。

附录 3 淡水养殖废水排放标准

（SC/T 9101—2007）

序号	项目	一级标准	二级标准
1	悬浮物，mg/L	≤50	≤100
2	pH	6.0~9.0	
3	化学需氧量（COD$_{Mn}$），mg/L	≤15	≤25
4	生化需氧量（BOD$_5$），mg/L	≤10	≤15
5	锌，mg/L	≤0.5	≤1.0
6	铜，mg/L	≤0.1	≤0.2
7	总磷，mg/L	≤0.5	≤1.0
8	总氮，mg/L	≤3.0	≤5.0
9	硫化物，mg/L	≤0.2	≤0.5
10	总余氯，mg/L	≤0.1	≤0.2

参考文献

陈飞，潘寿正．2011. 虾鱼鳖多品种生态养殖技术试验［J］. 科学养鱼（6）：22－23.

陈忠法，卜伟绍，黄富友，等．2012. 三段式中华鳖生态养殖技术研究与应用［J］. 浙江农业科学（3）：417－420.

郝玉江，杨振才，高永利，等．2002. 中华鳖生态养殖模式的原理、结构和特点［J］. 生态学杂志，21（2）：74－77.

何伟亮，郑善坚．2013. 中华鳖温室养殖水质的处理措施［J］. 当代水产（3）：72－73.

雷传松，欧阳治学，苗兵，等．2008. 黄颡鱼与中华鳖池塘高效混养模式关键技术［J］. 科学养鱼（12）：30－31.

沈卉君，虞快．1981. 中华鳖的解剖研究Ⅰ、骨骼系统［J］. 上海师范学院学报（3）：88－100.

沈卉君，虞快．1982. 中华鳖的解剖研究Ⅱ、肌肉系统［J］. 上海师范学院学报（3）：101－112.

沈卉君，虞快．1982. 中华鳖的解剖研究Ⅲ、血液循环系统［J］. 上海师范学院学报（3）：93－100.

施振宁，郑团建，方美娟，等．2013. 山区鳖稻鱼菜种养模式试验［J］. 中国水产（10）：71－72.

谈灵珍，周樊强．2003. 网箱培育稚鳖技术［J］. 科学养鱼（8）：11.

汤亚斌，马达文，程咸立，等．2012. 鳖稻共生模式试验［J］. 养殖与饲料（9）：94－95.

王爱菊．2007. 中华鳖无公害养殖技术研究［D］. 中国海洋大学硕士论文．

张丹，王锡昌，刘源．2013. 中华鳖营养、风味及功能特性研究进展［J］. 食品工业科技（24）：392－395.

章秋虎，吴胜利．2000. 鱼虾鳖池塘生态养殖技术总结［J］. 中国水产（8）：25.

郑善坚．2011. 围网养殖中华鳖（日本品系）技术研究［J］. 水产科技情报，38（6）：324－326.

图书在版编目（CIP）数据

中华鳖高效养殖模式攻略/何中央主编．—北京：
中国农业出版社，2015.5(2017.3 重印)
（现代水产养殖新法丛书）
ISBN 978 - 7 - 109 - 20133 - 0

Ⅰ.①中…　Ⅱ.①何…　Ⅲ.①鳖—淡水养殖　Ⅳ.
①S966.5

中国版本图书馆 CIP 数据核字（2015）第 017394 号

中国农业出版社出版
（北京市朝阳区麦子店街 18 号楼）
（邮政编码 100125）
责任编辑　林珠英　黄向阳

北京中科印刷有限公司印刷　　新华书店北京发行所发行
2015 年 5 月第 1 版　　2017 年 3 月北京第 2 次印刷

开本：720mm×960mm 1/16　印张：13.25
字数：230 千字
定价：33.00 元
（凡本版图书出现印刷、装订错误，请向出版社发行部调换）